DIANSHI ANQUAN SHENGCHAN PEIXUN JIAOCHENG

电石安全生产培训教程

中国电石工业协会
宜兴市宇龙电炉成套设备有限公司 组织编写
朱建东 编

化学工业出版社
·北京·

本书分电石生产基本工艺知识、事故分析、规范生产管理三章介绍了电石生产原理、电石炉参数选择、电石炉运行过程的影响因素、正常操作程序及异常情况处理等电石生产操作、管理必须掌握的基本知识。对易发事故和业内实际发生的事故案例进行了分析，并提出了防范措施，对电石生产企业规范工艺、安全管理提出了合理化建议。

本书内容实用，可供电石企业的管理人员、技术人员和操作人员参考，尤其适合作为电石生产企业的岗位培训教材。

图书在版编目（CIP）数据

电石安全生产培训教程/朱建东编. —北京：化学工业出版社，2014.10（2018.7重印）

ISBN 978-7-122-21721-9

Ⅰ.①电… Ⅱ.①朱… Ⅲ.①碳化钙-安全生产-岗位培训-教材 Ⅳ.①TQ161

中国版本图书馆 CIP 数据核字（2014）第 203603 号

责任编辑：傅聪智　　装帧设计：刘丽华

责任校对：吴　静

出版发行：化学工业出版社（北京市东城区青年湖南街 13 号　邮政编码 100011）

印　　装：涿州市般润文化传播有限公司

850mm×1168mm　1/32　印张 6½　字数 184 千字

2018 年 7月北京第 1 版第 2 次印刷

购书咨询：010-64518888　　售后服务：010-64518899

网　　址：http://www.cip.com.cn

凡购买本书，如有缺损质量问题，本社销售中心负责调换。

定　　价：38.00 元

加强管理与培训
不断提升我国电石工业的本质安全水平
（代序）

电石产业是我国的基础原料工业，电石产品广泛应用于化工、农业、建材、冶金、医药、国防、军工等国民经济的各个部门，是与国民经济息息相关的重要基本化工原料。在化工领域中电石主要用于生产聚氯乙烯，其次用于生产醋酸乙烯、氯丁橡胶、1,4-丁二醇、合成树脂、丙酮、烯酮、炭黑等产品。由电石生产的氰氨化钙是重要的农业肥料，也是一种重要的有机化工原料，可生产塑料、农药、炸药等，制造的农药可用于防治血吸虫、根线虫。电石可用作钢铁工业的脱硫剂，也可用于切割和焊接金属。另外，在医药、国防、军工等各领域，均会涉及电石产品的使用。实践证明，电石工业对我国经济发展有举足轻重的作用，电石工业及相关产品几乎涉及国民经济及人民生活的各个领域，用途十分广泛。

我国电石工业的起步相对较晚，最早的电石生产历史可追溯到 1935 年。新中国成立前，国内仅有几台 120 千伏安的开放式电石炉，产品主要用于矿灯照明。我国电石工业的发展主要经历了如下几个阶段。

世纪　化学工业部的成立　推动了我国电石工业的快速发展　1948 年，我国在吉林建成 1 台 1750 千伏安的电石炉；1951 年，吉林又建成一座相同生产能力的电石炉；1957 年，我国从前苏联引进了一座容量为 40000 千伏安的长方形三相开放式电石炉，为国内电石行业的发展奠定了基础，当时全国电石产能已经接近10万吨。以电石法乙炔为原料的有机合成工业在我国的迅速兴起，带动了国内电石产能的快速发展和企业数量的增长。1958年成立的化学工业部，通过“统一部署、统一布点、统一设计（通用设计、因地制宜）”等几个“统一”，推进了电石行业的发展。1959年我国电石产量13.5万吨，1970年贵州有机化工厂引进的35000千伏安密闭式电石炉投产，1979年全行业产量突破百万吨大关，达到123万吨。

世纪　年代　五朵金花　的引进　拉开了我国发展密闭式电石炉的序幕　1980年为了提高我国电石工业的技术水平，化学工业部组织开展了埃肯25500千伏安密闭式电石炉以及“组合式把持器的电极、炉气干法净化与粉尘焚烧、中空电极、气烧石灰窑、计算机控制”等“五朵金花”的引进工作。经过努力，1990年引进的埃肯25500千伏安密闭式电石炉建成投产，随后其他十余套密闭式电石炉也陆续投产，到2000年时，全国电石产能达到480万吨，其中密闭式电石炉产能也达到110万吨，全国产量达到340万吨。

世纪　电石工业进入了　大型化　一体化　基地化　循环发展时期　随着我国经济体制的不断完善和经济的快速发展，在我国的能源禀赋和高油价的推动下，聚氯乙烯行业的快速扩张倒逼电石行业的跟进，一批按照“大型化　一体化　基地化　循环发展理念建设的电石企业建成投产，到2013年底，拥有单台容量为40500千伏安及以上密闭式电石炉的企业有24家，产能合计1068万吨；形成了产能在20万吨以上的企业60家，合计2865万吨，占总产能的75.6%；年产量达到20万吨以上的企业有24家，合计1216.7万吨，占总产量的54.5%。

电石工业的科技创新取得长足的进步　成果丰硕　我国电石

工业的技术进步，走过了引进、消化吸收阶段，现在进入了自主创新阶段，在生产、科研、设计等方面取得了长足的进步。结合国内电石生产的实际情况，通过对引进挪威埃肯公司25500千伏安的密闭式电石炉技术和装备的消化吸收，国内相继开发出27000千伏安、33000千伏安、40500千伏安等多种类型的密闭式电石炉，并成功实现了产业化应用。2009年9月，中国电石工业协会在新疆石河子组织召开了“全国大型密闭式电石炉技术交流现场会”，向全行业大力推广成熟适用的大型密闭式电石生产工艺及相关设备。此后，国内新建电石项目大多采用40500千伏安的密闭炉。电石产业政策的引导，促进了密闭炉产能比重的持续提升，到2013年底，在3790万吨的产能中，密闭炉产能已占60%以上。同时，为密闭炉配套的炉气净化、气烧石灰窑、中空电极、组合式把持器、自动化控制系统也得以广泛应用，有效推动了行业的技术进步和节能减排工作的深入开展。

但是 在行业快速发展的同时 生产管理 科研培训和人才队伍跟不上的问题日趋严重 安全事故时有发生 强化安全管理与培训 提升行业本质安全水平 就成了行业不能回避的重要问题

众所周知，电石由于其物理化学性质，在危险化学品名录中被列为第4.3类，属于遇湿易燃物品，其生产过程中产生高温、乙炔、一氧化碳、二氧化碳、二氧化硫及粉尘等诸多危害因素，并伴随着高电压、大电流，在生产过程中，若设备设施整体安全性不足或误操作，易造成“灼烫、爆炸、窒息、中毒、机械伤害、物体打击、高处坠落”等各类重大事故。

事故的发生，原因有多种：设备管理与维护保养不足，主要设备的安全验收未按照规定执行，安全监管存在漏洞，工人对安全工艺不熟悉，自我防范保护不足，预防及防护措施不健全，企业安全意识淡薄，对员工的安全培训及应急救援培训不足，违章操作、违章指挥，等等。

中华人民共和国安全生产行业标准（AQ 3038—2010）“电石生产企业安全生产标准化实施指南”之“5.5 教育培训：5.5.2.2 企业应采取多种形式的安全文化活动，引导全体从业人员的安全态度和安全行为，逐步形成为全体员工所认同、共同遵守、带有本单位特点的安全价值观，实现法律和政府监管要求之上的安全自我约束，保障企业安全生产水平持续提高。”《电石行业准入条件》（2014 年修订）“五、安全生产”，其“（五）企业必须建立健全安全生产责任制，……，从业人员经安全生产教育和培训合格方可上岗 必须制定完备的安全生产规章制度和操作规程，……”对安全培训与管理都提出要求，电石企业必须认真贯彻执行。

国家安全生产监督管理总局提出要进一步加强危险化学品安全生产管理，强化企业安全生产“双基”工作，建立企业安全生产长效机制的要求。电石生产企业应该在强化生产工艺过程控制，提高本质安全水平，增强预防事故的能力，加强全员、全过程的安全管理等方面，建立起规范化、系统化、程序化、标准化的安全管理模式和持续改进的安全生产工作机制，提升企业的安全生产管理水平。同时更要重视对操作人员生产技能和安全知识的培训，电石安全生产才会有坚实的基础，而做好这些工作，需要全行业共同的努力。

朱建东先生编写的这本培训教程，总结分析了电石安全事故发生案例，并分成 22 种类型，通过对“事故经过、事故原因”进行分析，提出了“防范措施”。事故后总结，电石生产发生的安全事故，绝大部分都是责任事故，是违章操作、违章指挥造成的，给人民生命和财产造成重大损失，而且社会影响也非常恶劣，必须引起行业企业的高度重视。安全事故的发生也再一次给我们敲响了警钟，进一步证明了安全防范、安全培训的重要。

在此，我谨代表中国电石工业协会向本书的编者朱建东先生、宜兴市宇龙电炉成套设备有限公司董事长庞全法先生、顾问吴樟生先生对本书的编写和出版提供的支持，表示衷心感谢！

电石生产必须安全。让我们从电石“从业人员经安全生产教育和培训合格方可上岗　做起。

中国电石工业协会秘书长　孙伟善

二〇一四年八月十日

前言

目前，我国已成为全世界最大的电石生产国，电石生产成套技术已居世界领先地位。但是从行业整体情况看，在电石成套技术快速进步的同时，电石生产操作技术还是远远地滞后于装备的进步，密闭电石炉生产管理人才严重缺乏，行业生产事故也时有发生，使电石行业成为生产事故的高发行业。

电石企业的安全生产之路必然是规范管理之路。为了提高行业的本质安全水平，提升企业的安全管理理念，规范行业的生产运行，根据国家安全生产监督管理总局的指示，中国电石工业协会组织力量编写了本书。在本书编写过程中，调研了大量的电石生产企业，总结分析了行业内众多前辈所积累的经验资料，在此基础上加工编写成本书。借此机会，向行业内所有前辈表示衷心的感谢。在本书编写过程中得到了宜兴市宇龙电炉成套设备有限公司董事长庞全法、顾问吴樟生的指导，同时，宜兴市宇龙电炉成套设备有限公司也为本书的出版提供了财力支持，在此表示衷心感谢。

由于编者自身能力有限，书中可能存在不足和欠缺，恳请阅读本书的领导和行业同仁批评指正。

朱建东

2014 年 7 月

目录

第一章 基本工艺知识 001

第二章 事故分析

第一章 基本工艺知识

第一节 电石、石灰产品简介

一、石灰产品简介

化学名：氧化钙。工业名：生石灰（简称石灰）。英文名：calcium oxide。分子式：CaO。结构式：Ca═O。分子量：56.08。

1. 石灰的物理性质

纯氧化钙是无色立方晶体，密度 2.2～2.4g/cm³，熔点 2580℃，沸点 2850℃。

2. 石灰的化学性质

石灰的化学性质较活泼，举例说明如下。

（1）石灰遇酸发生化学反应生成盐。

$$CaO+H_2SO_4 = CaSO_4+H_2O+Q$$

（2）石灰遇水反应生成 $Ca(OH)_2$，俗称消石灰（熟石灰）。

$$CaO+H_2O = Ca(OH)_2+Q$$

（3）石灰与炭在电弧作用下反应生成电石，这就是电石的生成原理。

$$CaO+3C = CaC_2+CO-Q$$

3. 石灰的用途

石灰可作为生产原料生产电石、纯碱、漂白粉等；可用于制革、废水净化行业；在橡胶、胶黏剂等行业用为填充剂；可用作建筑材料、冶金助熔剂、水泥速凝剂、荧光粉的助熔剂；还可作为干燥剂、脱色剂、吸收剂、光谱分析试剂等；在药物中作为药物载体；在农药化肥行业作为土壤改良剂和钙肥等。

4. 石灰的包装及贮运

石灰易受潮风化消解，所以在输送、贮存过程中应防止与水分接触。

5. 石灰的产品质量要求

石灰质量指标：氧化钙含量≥90.0%，生过烧量≤5%，活性度≥320mL。

6. 石灰生产所用原料规格及指标

石灰石质量指标（质量分数）：氧化钙含量≥54.1%，氧化镁含量≤1.0%，盐酸不溶物含量≤1.2%，粒度30～60mm石灰石含量≥90%。

二、电石产品简介

化学名：碳化钙。工业名：电石。英文名：calcium carbide。分子式：CaC_2。结构式：$\overset{Ca}{C\equiv C}$（Ca 位于两个 C 之上并与其相连）。分子量：64.10。

1. 电石的物理性质

(1) 外观　化学纯的碳化钙几乎是无色透明的晶体。极纯的碳化钙是天蓝色的大晶体，颜色像淬火钢。工业电石是碳化钙和氧化钙以及其他杂质的混合物，根据杂质含量的不同呈黄色或黑色，碳化钙含量较高时呈紫色。电石的新断面具有光泽，吸水后失去光泽呈灰白色。

(2) 密度　18℃时，纯电石的密度为2.22g/cm^3。工业电石的密度与碳化钙含量的关系见表1-1。

表1-1　工业电石的密度与碳化钙含量的关系

CaC_2 含量/%	90	80	70	60	50	40	30
密度/(g/cm^3)	2.24	2.32	2.40	2.50	2.58	2.66	2.74

(3) 熔点　电石的熔点随电石中碳化钙含量的改变而改变，纯碳化钙的熔点为2300℃。碳化钙的含量为69%的混合物的熔点最低，为1750℃。碳化钙的含量继续减少时，熔点反而升高，后降到

1800℃，此时混合物中碳化钙含量为35.6%。在此两个最低熔点（1750～1800℃）之间有一个最大值1980℃，它相当于含碳化钙52.5%的混合物。随着碳化钙含量继续减少（即低于35.6%）混合物的熔点又升高。电石的熔点随电石中碳化钙含量的变化趋势见图1-1。

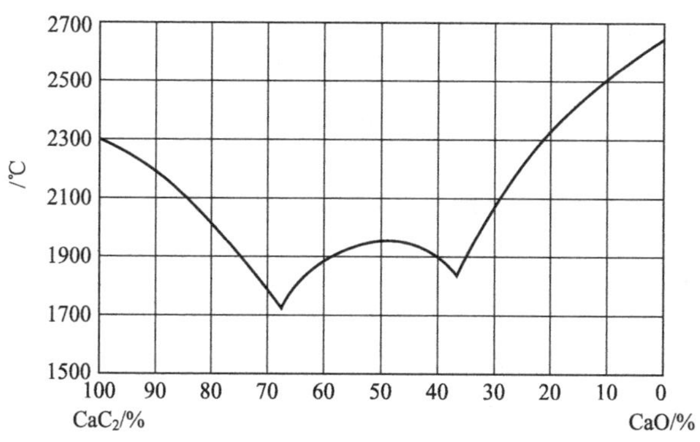

图1-1 电石的熔点随电石中碳化钙含量的变化趋势

影响电石熔点的因素不仅是石灰的含量，氧化铝、氧化硅和氧化镁等杂质也有影响。

（4）导电性 电石能导电，其导电性与电石的纯度和温度有关，碳化钙含量越高，导电性能越好；反之，碳化钙含量越低，导电性能越差。当碳化钙含量下降到70%～65%间，其导电性能达到最低值，若碳化钙含量继续下降，则其导电性能复又上升，见图1-2。

2. 电石的化学性质

电石的化学性质很活泼，在适当温度下能与许多的气体、液体发生化学反应。

（1）碳化钙不仅能被液态的或气态的水所分解，而且也能被物理的或化学结合的水所分解。在水过剩条件下，将碳化钙浸于水中，反应依下式进行：

$$CaC_2 + 2H_2O \longrightarrow Ca(OH)_2 + C_2H_2$$

被滴加水分解时，还发生如下反应：

$$CaC_2 + Ca(OH)_2 \longrightarrow 2CaO + C_2H_2$$

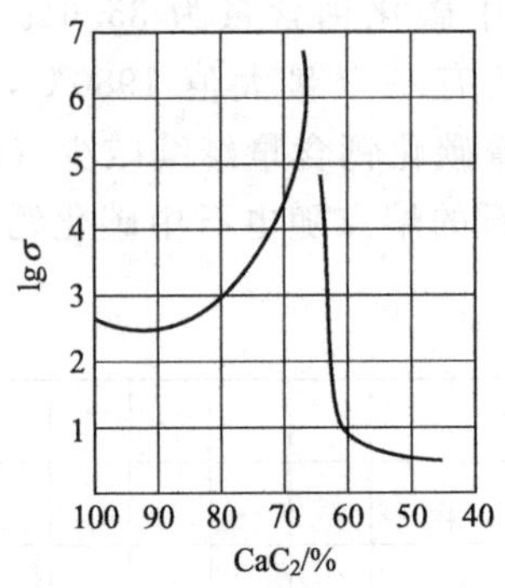

图 1-2 电石导电性能图

吸收空气中的水分而分解，发生如下反应：

$$CaC_2 + H_2O \longrightarrow CaO + C_2H_2$$

（2）在没有任何水分条件下，将电石在氢气流中加热至 2200℃ 以上时，就有相当量的乙炔生成：

$$CaC_2 + H_2 \longrightarrow Ca + C_2H_2$$

当加热到 2275℃时，所生成的钙开始升华。

（3）在高温下，干燥的氧气能氧化碳化钙生成碳酸钙：

$$2CaC_2 + 5O_2 \longrightarrow 2CaCO_3 + 2CO_2$$

（4）粉状电石与氮气在加热条件下，反应生成氰氨化钙：

$$CaC_2 + N_2 \longrightarrow CaCN_2 + C$$

（5）碳化钙能还原铅、锡、锌、铁、锰、镍、钴、铬、钼及钒的氧化物。

（6）电石中夹杂的磷的化合物，当电石与水作用时，生成磷化氢混在乙炔中；所夹杂的硫的化合物，与水作用时，生成硫化氢，硫化氢在电石被水分解时，几乎完全被水吸收，可是在水量不足时，所生成的乙炔中就会有相当多的硫化氢，硫化氢与碳化钙反应，能像水与碳化钙反应一样生成乙炔：

$$CaC_2 + H_2S \longrightarrow CaS + C_2H_2$$

3. 乙炔的物理性质

乙炔的分子式：C_2H_2。结构式：H—C≡C—H。分子量：26。

乙炔在常温和大气压下为无色气体，工业乙炔因含有杂质（特别是磷化氢）而有特殊的臭味。

乙炔的密度随着温度和压力的变化而变化，当温度在20℃和压力为760mmHg（101.325kPa）时，乙炔的密度为1.091kg/m^3。

乙炔溶于水和酒精，极易溶于丙酮。在15℃和1atm（101.325kPa，下同）下1L丙酮可溶解乙炔25L，在15atm下，1L丙酮可溶解乙炔345L。

4. 乙炔的化学性质

乙炔属于不饱和烃，不稳定，在一定条件下，较易发生分解爆炸，而且和与它能起反应的气体的混合物也会发生爆炸。

乙炔在高温高压下，具有分解爆炸的危险性。如压力为0.15MPa以上的工业乙炔，在温度超过550℃时，则可能使全部乙炔发生分解爆炸。其反应式为：

$$C_2H_2 = 2C + H_2 + 16.75MJ$$

当温度低于500℃，有接触剂存在时，也可能发生爆炸。

乙炔和与它能起反应的气体的混合物具有较强的爆炸能力。

乙炔与氧混合时，如将混合物加热至300℃以上，则乙炔在大气压下即行爆炸。

乙炔与氯混合时，在日光作用下就会爆炸。

乙炔与氧混合物的爆炸范围为2.3%～93%（乙炔在氧气中的浓度）。

乙炔与空气混合物的爆炸范围为2.5%～81%（乙炔在空气中的浓度）。

当乙炔被某溶剂溶解时，乙炔的爆炸能力就降低。湿乙炔比干乙炔的爆炸能力低并随着湿度的增高而减小。当水蒸气与乙炔之体积比为1∶1.15时，通常不会发生爆炸。

在高分解压力与温度下，容器的尺寸很大或管道很长时，乙炔会发生爆震现象。爆震的传播速度为1800～3000m/s，爆震时所发生的局部压力达到600atm。

当乙炔与铜盐、银盐及汞盐的水溶液相互作用时，能生成各种金属乙炔的沉淀物，此沉淀物具有爆炸性。

5. 工业电石的组成

工业电石中碳化钙含量常为65%～90%，其余为杂质。如碳化钙含量为 85.3%的电石，其大致组成如下：

碳化钙（CaC_2）	85.3%
氧化钙（CaO）	9.5%
二氧化硅（SiO_2）	2.1%
氧化铁和氧化铝（$Fe_2O_3+Al_2O_3$）	1.45%
氧化镁（MgO）	0.35%
碳（C）	1.2%

6. 电石的用途

电石的用途极为广泛，电石被水分解时生成乙炔，乙炔水合时制得最重要的乙炔衍生物——乙醛。乙醛是合成醋酸的重要原料。乙炔和醋酸在汞盐催化下反应生成双乙酸亚乙酯，进而分解后生成醋酸酐。这些都是制造医药、人造丝、电影胶片、塑料、工业合成树脂的重要原料。用乙炔生产聚氯乙烯已成为电石最重要的用途之一，目前电石法聚氯乙烯产量已达到聚氯乙烯总产量的 70%以上，其电石理论消费量占电石总产量的 75%。此外电石还用于生产偏二氯乙烯、三氯乙烯、四氯乙烯、1,4-丁二醇、聚乙烯醇等。

用高温分解乙炔可制得乙炔炭黑，乙炔还用于金属切割、焊接。

将粉状电石在 1100～1200℃的高温下进行氮化，即生成氰氨化钙。20 世纪 60 年代氰氨化钙在农业上广泛用作氮肥，70 年代开始逐步转为工业用，为双氰胺、硫脲、氰盐熔合物的原料（氰熔体），而且也是制造黄血盐、赤血盐等的主要原料。

电石可直接用作钢铁工业的脱硫剂，生产优质钢。还可用于分析化学中作为水分的测试剂，用于农业果树等经济作物处理剂，现在还有用于环保行业用作废水的脱硫剂等。

7. 电石的包装

电石的包装桶用 1～1.2mm 厚的铁板制成。保证桶内干燥和无电石渣及其他杂物。

周转桶要逐个检查，首先要检查外观，焊缝和咬合部位是否牢固，桶身应完整，有泄漏的部位要进行再处理，直到合格为止。

包装容器上应有牢固标志，其内容包括：生产厂名、厂址、产品名称。

包装桶盖上应贴有合格证，由红、绿、黄三种色泽的商标分别表示优等品、一等品、合格品，并标明净重以及按 GB 190 第四类遇湿易燃物品规定的标志。

每批出厂的电石应附有质量证明书，证明书内容包括：生产厂名称、产品名称、等级、粒度、重量、批号、生产日期等。包装桶注有商标、注明防潮、防水等标志。

8. 电石的贮存和运输

电石包装在干燥密闭的铁桶内。电石包装后存放在专用的仓库或防雨棚中，仓库应保持干燥，打开的或已损坏的电石桶不允许存放在仓库中。仓库必须有严格的防水、防火措施，严禁安装上下水管和采暖设备。仓库内禁止积存电石粉尘。

9. 电石的质量指标

电石产品执行 GB 10665—2004 标准，具体指标见表 1-2。

表 1-2 电石产品质量指标

指标名称		指标		
		优级品	一级品	合格品
发气量(20℃,101.3kPa)/(L/kg)	≥	300	280	260
乙炔中磷化氢(体积分数)/%	≤	0.06	0.08	
乙炔中硫化氢(体积分数)/%	≤	0.10		
粒度(5～80mm)的质量分数/%	≤	85		
筛下物(2.5mm 以下)的质量分数/%	≤	5		

10. 电石生产所用原料规格及指标

生石灰的质量符合如下条件（质量分数，下同）：CaO 含量≥90%，MgO 含量≤1.5%，酸不溶物含量≤1.5%，生过烧量≤8%。

冶金焦的质量符合如下条件：粒度 3～25mm，灰分含量≤15.0%，挥发分含量≤1.9%，水分含量≤10.0%，硫分含量≤1.0%，焦末含量≤5%。

兰炭的质量符合如下条件：灰分含量≤10.0%，挥发分含量≤6.0%，水分含量≤10.0%，硫分含量≤0.5%，焦末含量≤5%。

电极糊的质量符合如下条件：灰分含量≤6.0%，挥发分含量

12.0%～15.5%，抗压强度≥15.7MPa，电阻率≤75μΩ·m，体积密度 1.36t/m³。

第二节 石灰生产原理及理论消耗

一、石灰生产原理

由石灰石制取生石灰的原理是：借助于高温把碳酸钙分解成氧化钙和二氧化碳，其反应式如下：

$$CaCO_3 \xlongequal{} CaO + CO_2 - 178kJ$$

即分解 1mol 的碳酸钙需要 178kJ 的热量，1mol 石灰石相当于 100g，则分解 1000g 石灰石需要 1780kJ 热量。若采用发热量为 29.3MJ/kg 的焦炭作燃料，则理论上分解 1000kg 石灰石需要 60.7kg 焦炭（干基），实际上，由于窑顶废气带走的热量、窑壁损失的热量、卸出石灰带走的热量、燃料燃烧不完全或没有燃烧而被卸出窑的燃料等损失，需用燃料约为 180～220kg。即理论配焦比为 100∶(7～9)。若采用发热量为 10.9MJ/m³ 的电石炉气作燃料，则理论上分解 1000kg 石灰石需要 163.3m³ 电石炉气。实际上，由于窑顶废气带走的热量，窑壁损失的热量，卸出石灰带走的热量，燃料燃烧不完全或没有燃烧而被卸出窑的燃料等损失，需用燃料气约为 310～410m³ 电石炉气。

理论上 1kg 石灰石可生产 0.56kg 生石灰，故理论投料比约为 1.78 左右，如生石灰中有生烧时，则石灰石消耗定额降低，生烧越多，定额越低。

二、石灰石煅烧反应

煅烧石灰石所需的热量是由燃烧而得，燃料的主要成分——炭的燃烧过程可以用下式表示：

$$C + O_2 \xlongequal{} CO_2 + Q$$

$$CO + \frac{1}{2}O_2 \xlongequal{} CO_2 + Q$$

理论上每燃烧 1kg 纯炭，需 2.67kg 氧气，相当于 11.6kg 空气，

换算成体积相当于 $9m^3$ 空气（在 0℃，101.325kPa 状态），如空气供给不足，燃烧不完全产生 CO 气体，其反应式如下：

$$2C+O_2 = 2CO+Q$$

此时需要多消耗燃料，窑气中 CO 每增加 1%，相当于浪费总燃料的 6%，因此，在煅烧石灰石时，鼓入足量的空气（一般过量系数为 1～1.1）。

煅烧石灰石所需的热量是由一氧化碳和氢气燃烧而得，燃料的主要成分——一氧化碳和氢的燃烧过程可以用下式表示：

$$2CO+O_2 = 2CO_2+Q$$

$$2H_2+O_2 = 2H_2O+Q$$

理论上每燃烧 $1m^3$（如无特殊说明，均指标准状态下的体积，下同）纯一氧化碳，需要 $0.5m^3$ 氧气，每燃烧 $1m^3$ 纯氢气，也需要 $0.5m^3$ 氧气。理论上每燃烧 $1m^3$ 电石炉气需要约 $0.45m^3$ 氧气，相当于 $2.2m^3$ 空气，如空气供给不足，会使一氧化碳燃烧不完全。因此，在煅烧石灰石时，应鼓入足量的空气（一般过量系数为 1～1.1）。

由于空气的相对密度是随气温升高而减小的，因此，夏季风量应比冬季风量有所增加。

石灰石消耗定额如下：

$$石灰石消耗定额=1.78(1-x)+x$$

式中，x 为生烧量，%。

根据上式计算，可得出石灰石的消耗定额与生烧量的关系见表 1-3。

表 1-3 石灰石的消耗定额与生烧量的关系

石灰中生烧含量/%	0	5	10	15	20
石灰石消耗定额/(t/t)	1.78	1.747	1.707	1.668	1.629

第三节 电石生产原理及理论消耗

一、电石的生成反应机理

炉料凭借电弧热和电阻热在 1800～2200℃ 的高温下反应而制得

碳化钙。电炉是获得高温的最好设备，而且能量非常集中。碳化钙的生成反应式如下：

$$CaO+3C \longrightarrow CaC_2+CO-466kJ$$

实际上电石的生成反应过程是相当复杂的，在电石炉内不单是一个化学反应的场所，也是电磁感应和能量交换的场所。首先在反应区发生如下反应：

$$CaO+C \longrightarrow CaO \cdot C(\text{相互扩散态})$$

$$CaO \cdot C(\text{相互扩散态}) \longrightarrow Ca(\text{气态})+CO$$

$$Ca(\text{气态})+2C \longrightarrow CaC_2$$

从反应区流下来的碳化钙和氧化钙在熔融状态下进行互熔和扩散作用，得到质量均匀的熔融物，并逐渐向下沉降：

$$mCaC_2+nCaO \longrightarrow mCaC_2 \cdot nCaO$$

此熔融物在高温条件下再进行熔炼：

$$mCaC_2 \cdot nCaO \longrightarrow (m-1)CaC_2 \cdot (n-2)CaO+3Ca+2CO$$

通过这个反应增加碳化钙的含量，并与上面沉降下来的低质量的碳化钙相混合而保持质量均一，这种质量决定于炉料配比。

电石的实际反应速度，不仅要由化学反应的速度来决定，而且还决定于石灰的渗透速度、焦炭的崩裂分散和扩散速率、焦炭的化学活性等。而影响氧化钙碳化反应速度的根本因素则是炉温的变化。

电石反应速率常数与反应温度的关系如下：

$$K=Ae^{-\frac{E}{RT}}$$

式中 K——反应速率常数；

A——常数；

E——反应的活化能，粗略估计为 200kcal/mol（1kcal＝4.18kJ）；

R——气体常数，1.98kcal/(mol·℃)；

T——反应温度，K。

如果炉温从 1900℃提高到 2100℃，反应速率常数为

$$\frac{K_1}{K_2}=e^{\frac{E}{R\left(\frac{1}{T_1}-\frac{1}{T_2}\right)}}=e^{\frac{200000}{1.98\times\left(\frac{1}{2173}-\frac{1}{2373}\right)}}=e^{4.0}=54.4$$

如果炉温从 1800℃提高到 2100℃，则反应速率常数为：

$$\frac{K_1}{K_2}=e^{\frac{E}{R\left(\frac{1}{T_1}-\frac{1}{T_2}\right)}}=e^{\frac{200000}{1.98\times\left(\frac{1}{2073}-\frac{1}{2373}\right)}}=e^{6.2}=490$$

所以，炉温对反应速度的影响是十分巨大的。要想提高炉温，主要是靠生产高质量的电石，相应地也要提高电石炉的负荷。在这种情况下，炉膛内的电阻将会下降，电极不容易深入到适当的位置，甚至出现明弧操作，这就会降低各项技术经济指标。通常采用的办法为：适当提高电流电压比，使其能在电阻较低的情况下，仍然进行闭弧操作；掺用部分比电阻较大的炭素材料等。

二、副反应

生产中，在进行电石生成反应的同时，进行着如下副反应：

$$CaC_2 \longrightarrow Ca+2C-60.7kJ$$

$$CaCO_3 \longrightarrow CaO+CO_2-178kJ$$

$$CO_2+C \longrightarrow 2CO-164kJ$$

$$H_2O+C \longrightarrow CO+H_2-166kJ$$

$$Ca(OH)_2 \longrightarrow CaO+H_2O-109kJ$$

$$CaSiO_4 \longrightarrow 2CaO+SiO_2-121kJ$$

$$SiO_2+2C \longrightarrow Si+2CO-574kJ$$

$$Fe_2O_3+3C \longrightarrow 2Fe+3CO-452kJ$$

$$Al_2O_3+3C \longrightarrow 2Al+3CO-1218kJ$$

$$MgO+C \longrightarrow Mg+CO-486kJ$$

上述反应大部分是原料中带进的杂质所引起的。发生这些副反应时，不但要消耗炭材和电能，而且有碍电石生成的反应过程，对生产是十分有害的。

三、电石生产的理论电耗

电石的生成反应是一个吸热反应。为完成此反应，必须供给大量的热能。理论上生成一吨发气量为 300L/kg 的电石，消耗于此反应的电能为：

$$\frac{1000\times0.806}{64}\times\frac{466000}{3600}=1630kW\cdot h$$

式中 0.806——发气量为 300L/kg 的电石是碳化钙的百分含量；

3600——电热，即 1kW·h 电能完全转化为热能的数值，J/(kW·h)；

64——碳化钙的分子量。

实际生产中电石和单位电耗远远高于理论消耗，主要是因为电石生产中存在着副反应消耗热、热电石带出热、冷却水带出热、热烟气带出热及炉体设备各部分辐射热损失，由此造成了电石单位电耗的大幅度上升。

四、电石生产的理论氧化钙耗和焦耗

电石生成反应：

$$\underset{56}{CaO}+\underset{3\times 12}{3C}=\underset{64}{CaC_2}+CO$$

按上式计算，理论上制得 1t 电石需消耗氧化钙：

$$\frac{1000}{64}\times 56=875\text{kg}$$

需消耗纯炭：

$$\frac{1000}{64}\times 36=563\text{kg}$$

第四节　电石炉参数计算及讨论

一、计算

（1）电石炉功率的计算

$$P_s=\frac{AQ}{8760a_1a_2a_3a_4\cos\phi}$$

式中　P_s——电炉变压器视在功率，kVA；

A——电炉年生产能力，t；

Q——单位电耗，kW·h/t；

a_1——定期检修时间系数，约 0.985；

a_2——中修时间系数，约 0.98；

a_3——大修时间系数，约 0.94；

a_4——设备容量利用系数，约 0.95；

$\cos\phi$——功率因数。

如年产 45000t 电石，需要变压器容量为：

$$P_s=\frac{45000\times3200}{8760\times0.985\times0.98\times0.94\times0.95\times0.75}$$

$$=25426\text{kVA} \qquad 取\ 25500\text{kVA}$$

如变压器容量为 30000kVA，能年产电石多少吨？

$$A=\frac{30000\times8760\times0.985\times0.98\times0.94\times0.95\times0.75}{3200}=53095\text{t}$$

（2）二次侧电压计算

$$U_2=K_eP_s^{\frac{1}{3}} \qquad (K_e\ 为电压系数，取\ 6.4)$$

$$U_2=K_eP_s^{\frac{1}{3}}=6.4\times25500^{\frac{1}{3}}=188\text{V}$$

（3）二次电流计算

$$I_2=\frac{1000P_s}{\sqrt{3}U_2}$$

$$I_2=\frac{1000P_s}{\sqrt{3}U_2}=\frac{1000\times25500}{\sqrt{3}\times188}=78310\text{A}$$

（4）电极直径计算

$$D_e=1.128\times\left(\frac{I_2}{I_\Delta}\right)^{\frac{1}{2}} \qquad (I_\Delta\ 为电极电流密度，取\ 7.2\text{A/cm}^2)$$

$$D_e=1.128\times\left(\frac{78310}{7.2}\right)^{\frac{1}{2}}=118\text{cm} \qquad 取\ 125\text{cm}$$

（5）电极同心圆直径计算：

$$D_c=K_cD_e \quad (K_c\ 为电极同心圆系数，取\ 2.7)$$

$$D_c=K_cD_e=2.7\times120=324\text{cm} \qquad 取\ 358\text{cm}$$

（6）炉膛内径计算：

$$D_i=K_iD_c \quad (K_i\ 为内径系数，取\ 2.2)$$

$$D_i=K_iD_c=2.2\times324=713\text{cm} \qquad 取\ 780\text{cm}$$

（7）炉膛深度计算：

$$H=K_hD_e \qquad (K_h\ 为炉膛深度系数，取\ 2.3)$$

$$H=K_hD_e=2.3\times120=276\text{cm} \qquad 取\ 270\text{cm}$$

二、电石炉重要参数的讨论

1. 电极直径

电极直径决定于电极的电流密度，而允许的电流密度与所使用的电极糊质量相关。电极的电流密度选得过大，则电极直径过小，会增加电极的电阻电耗，电极容易因过焙烧而硬断，也会缩小电石炉熔池；电极电流密度选得过小，则电极直径过大，虽然能扩大熔池，还可减少电极电阻电耗，但电极不易深入炉料，且会增加热损耗而降低热效率，电极焙烧不足易软断，电弧温度也会降低，对生产不利。所以，必须选用合适的电极电流密度和电极直径。

2. 电极同心圆直径

合理的同心圆直径是闭弧生产、优质高产低消耗的条件。电极同心圆是由电极直径、电流电压比、电极间距、电位、电石反应区电能密度等所决定的，而首先是取决于电极直径。同心圆选得过大，三相熔池容易不通，出炉困难，易翻液体，中心区热量不集中，温度不高，难以得到高质量的电石；同心圆选得过小，三角区易重叠，热量过于集中，炉料站不住，热量损失大，产量不高，电耗高。

3. 炉膛内径

炉膛内径太小，炉墙易损，炉膛内径太大，则会增加电石炉的建筑面积，增加投资，也会使短网长度增加，增大电耗，降低电效率，同时也易增加出炉的难度。

4. 炉膛深度

炉膛深度太浅，炉料层太薄，蓄热困难，表面散热损失大，不但会降低电石产量，且电极离炉底过近，电弧燃烧过于集中，易损坏炉底，也会迫使电极上升，较难闭弧生产。炉膛太深，不仅会减少电石反应区的电能密度，降低电石质量，且会使出炉困难。

第五节 常见工艺流程

一、炭材烘干

密闭电石炉生产中常见的炭材烘干多采用卧式转筒烘干工艺，少数采用立式烘干工艺。炭材烘干一般配置热风炉（沸腾炉），以烘干炭材筛分的粉料为主要燃料或电石炉净化气作为主要燃料，有些企业将石灰窑高温尾气作为炭材烘干的主要热源，同时配置沸腾炉作为辅助热源。回转窑炭材烘干工艺流程见图 1-3。

卧式转筒烘干工艺由于炭材在烘干过程中在转筒中不断上下翻动，炭材与炭材之间、炭材与转筒之间不断地撞击、磨擦，所以炭材粉碎率相对较高，而立式烘干工艺为固定移动床，炭材在床层中移动速度缓慢，所以炭材撞击、磨擦作用小，炭材在烘干过程中粉碎率较小。现在转筒烘干企业对设备也进行了不断地改进，出现了双筒、三筒回转烘干机，并增设了减破碎装置，有效地降低了炭材在烘干过程中的粉碎率。

工艺流程说明：沸腾炉中加入河砂作为垫料，鼓风机通过风帽鼓入强风，将垫料吹至沸腾流化状态，炭材粉料通过圆盘给料机控制给定加料量，加入沸腾炉流化垫料中燃烧，产生的高温烟气由负压吸入至转筒烘干机中；湿炭材通过湿料进料管加入烘干机中，与热烟气直接接触换热；炭材在烘干机内由扬料板和导料板的作用，不断前行，至出料口卸出烘干机，由耐热皮带机送至干炭料仓储存；含湿高温烟气经过除尘器除尘后，由引风机通过烟囱排入大气。

二、石灰生产

石灰生产中现有土窑、机立混烧窑、双套筒窑、双梁窑、双膛窑等各种不同的窑型工艺。土窑、机立混烧窑由于其石灰生产过程缺乏精确有效的控制手段，石灰质量波动较大，难以满足密闭电石生炉的生产要求，所以现代大型电石企业一般配套建设国际上较为先进的双套筒窑、双梁窑或双膛窑。

双套筒石灰窑工艺流程见图 1-4，说明如下。

套筒窑在一个窑体内形成了预热带、上部煅烧带、中部煅烧带、下部并流煅烧带、冷却带几个区段。

(a) 物料流向　物料在窑内从上到下运动，单斗提升机→旋转布料器料钟→预热带→上部煅烧带→中部煅烧带→下部煅烧带→冷却带→出料机→下部灰仓→窑底振动给料机。

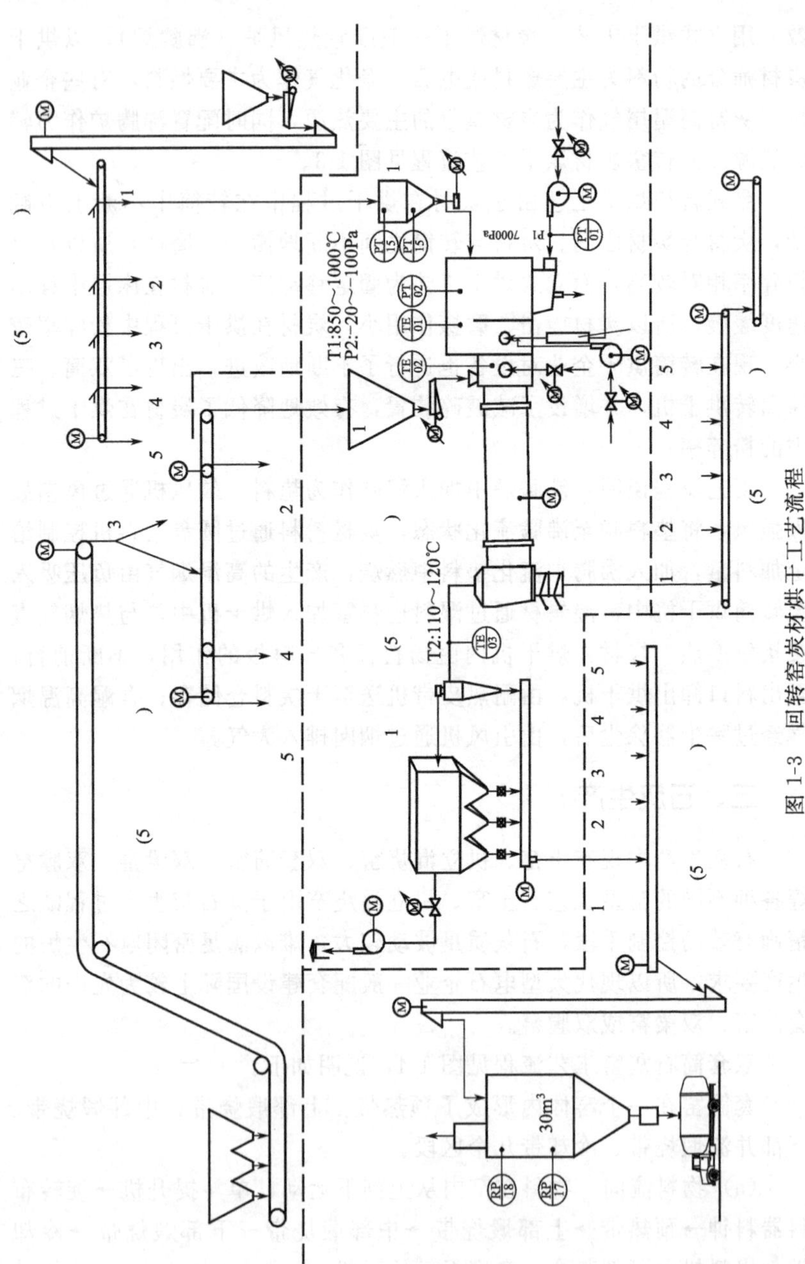

图 1-3　回转窑炭材烘干工艺流程

(b) 气流走向与分布 环型套筒窑窑身上有两层燃烧室，每层燃烧室数目为 6 个（沿窑身均布），每个燃烧室内有一个烧嘴。

上、下两层燃烧室供给燃料量不一样，上、下燃烧室的煤气分配比率为：上/下＝1.22/2.20。

上部燃烧室供给的助燃空气量不足，只有 50%左右。因此，上燃烧室为不完全燃烧，燃烧烟气进入上部料层时与来自下方的含过剩空气的气流相遇，使不完全燃烧产物得到完全燃烧，这个区域（从上燃烧室平面到上部内套筒下口平面）即为上部煅烧带。在上部煅烧带内为逆流煅烧，气流方向与物料动方向相反，但由于在这里石灰石仅为部分煅烧，此时石灰石刚刚开始分解需要大量吸收热量，故不会产生过烧，随着料流向下运动，石灰石逐渐通过上部煅烧带。在上部煅烧带内完成燃烧后的烟气继续上流向窑顶，在窑顶通过气量调节阀分成两部分：其中大部分（占废气总量的 70%）经环形石灰石层（预热带）到窑顶环形烟道进入引风机，在预热石灰石的同时自身温度降低到 130℃左右；另一部分（约占废气总量的 30%）经上内筒入空气换热器，换热器温度降到 320℃左右再进入废气管道。窑内所有废气都经引风机抽出，进入废气引风机的废气温度一般在 180～250℃左右，然后经布袋除尘后从烟囱排入大气。

在上、下燃烧室平面之间的区域为中部煅烧带，中部煅烧带亦为逆流煅烧。

下部燃烧室供给燃烧所需过量的助燃空气，空气过剩系数为 2.0 左右，这样保证温度较均匀，不会过热，防止过烧。下燃烧室燃烧产生的高温烟气（温度＜135℃）分成两股：一股经中部煅烧带、上部煅烧带逆流向窑顶，到窑顶后气流分布如前所述；另一股气流由于燃烧室喷射器所产生的引力作用往下走，形成并流煅烧带（下燃烧室平面到下内筒循环气体入口平面之间的区域），石灰最终在这个区域内烧成，高温烟气经料层煅烧石灰，然后从下内筒底部均匀分布的六个循环气体入口处进入下内筒，石灰冷却空气从底部吸入窑内，在冷却石灰预热自身后，也与高温烟气一起从下内筒循环气体入口处进入下内筒内，两股气流的混合气体称为循环气体（其中含有过剩空气可以用作燃烧二次空气）。循环气体的温度一般为 800～900℃。循环气体

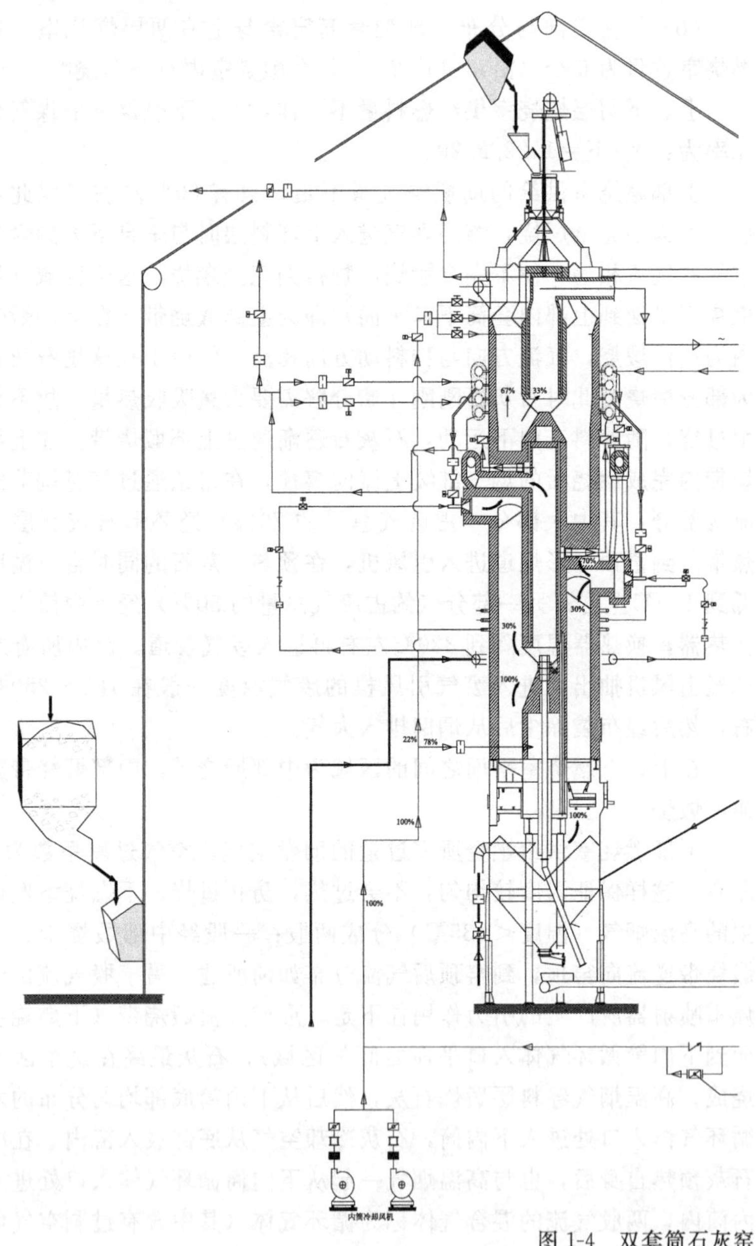

图 1-4 双套筒石灰窑

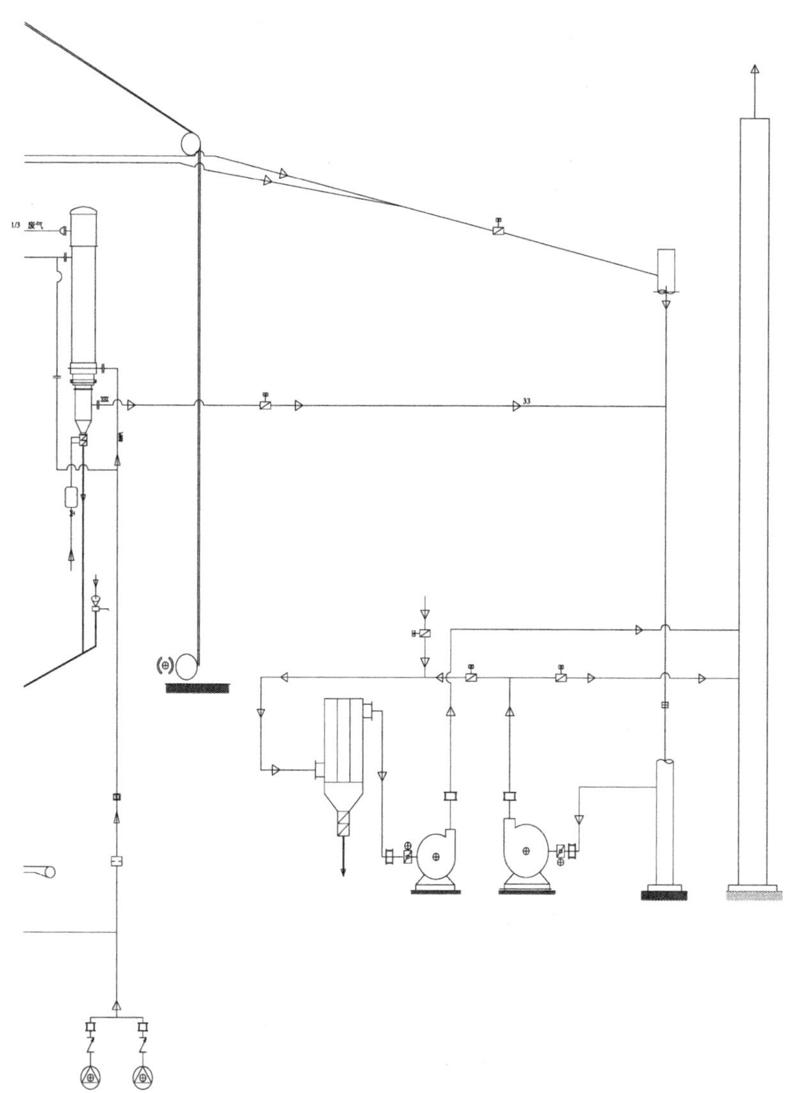

工艺流程示意图

在下内筒内自下往上流动，从下内筒顶部循环气通道吸入喷射器内，进入下燃烧室随同燃烧产生的高温烟气进入料层，如此周而复始地进行。应该指出的是，并流带循环气体是整个煅烧工艺的关键，操作中通过检测控制循环气体的温度来控制整个窑的煅烧状况。循环气体控制主要通过控制喷射风来实现，罗茨风机供应的高压空气经换热气预热到450℃左右，由环管分配给下燃烧室的喷射器，作为喷射器的引射动力气体，这种喷射作用产生的引力带动循环气体周而复始地循环。

在下内筒循环气体入口平面与出灰机平面之间的区域为冷却带，石灰冷却空气由窑底吸入，烧成的石灰在这个区域进行冷却。内筒冷却空气经离心风机排出后分成两部分，一部分流经上内筒环隙冷却上内筒后排空；另一部分冷却下内筒后自身预热到200℃左右，汇集到环管内然后分配到各燃烧室作为助燃空气。

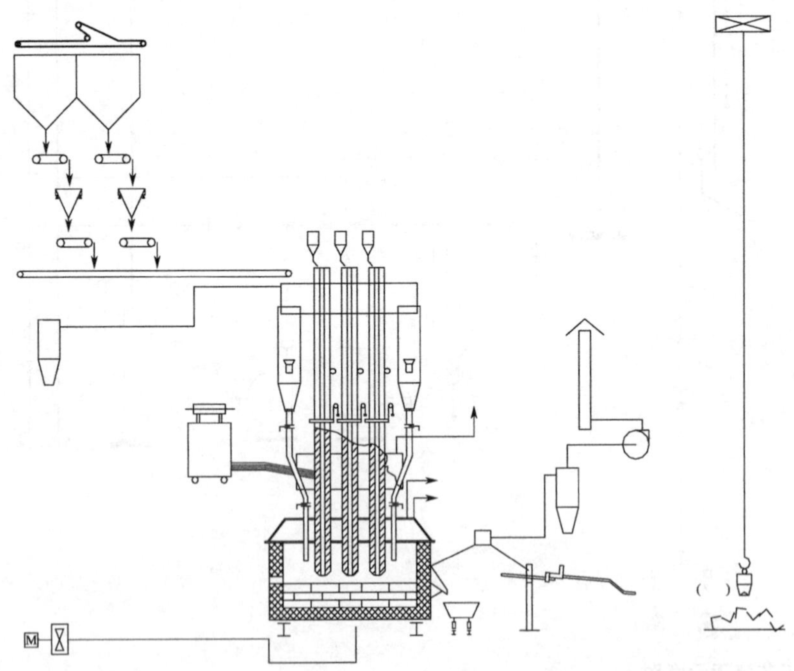

图1-5　典型密闭电石炉工艺流程示意图

三、电石生产

典型密闭电石炉工艺流程见图1-5。

工艺流程说明：炉顶料仓内的石灰和干炭材通过拖料皮带加入各自的称量斗内按设定配比进行称量，再通过称量斗下的拖料皮带加至输送皮带上混合，再加至环形加料机加入各环形料仓内；环形料仓内的混合料通过料管加入电石炉中进行反应；电石炉内炼好的液体电石，定期排出，经流料嘴流入出炉小车上的电石锅，由牵引机拉进冷却房，经行车吊下冷却，空锅再由牵引机拉回炉口待下一炉出炉使用。

电极糊由小吊吊至加料平台，人工加入电极筒内。

密闭电石炉尾气经蝶阀至炉气净化系统降温、除尘后由净气风机送炉气后处理工序。

第六节　石灰生产影响因素分析

一、石灰石煅烧速度与石灰石块度的关系

石灰石煅烧的速度与石灰石的块度有关，大块的石灰石往往存在夹心生灰，因为石灰的热导率小于石灰石，随着煅烧成的石灰层增厚，进入石灰石中心的热量的传递速度越来越慢。如200mm块度的石灰石，在1150℃时需要煅烧5h；而窑温1000℃时，就需要煅烧15h。若选用100mm块度的石灰石，窑温控制1100℃左右，需煅烧4h；而200mm块度的石灰石，在同样温度下，就需要煅烧7.5h。在混烧竖式机械窑中，如果石灰石块度下限过小（碎石过多），往往容易造成通风阻力过大，助燃空气量不足，影响焦炭的燃烧，局部温度下降而使石灰石煅烧速度下降。

气烧石灰窑由于生产高活性石灰，石灰石在窑内设计停留时间短，故要求石灰石块度较小，通常为40～80mm。为避免出窑石灰因破碎过程粉末损耗过大，与电石炉配套建设的气烧石灰窑通常石灰石进窑粒度控制在30～60mm。如果粒度过大，会造成生烧上升，如果

粒度过小，会因料层阻力过大，使生烧上升或产量下降。

二、$CaCO_3$ 的分解压力与分解温度、速度的关系

$CaCO_3$ 的分解过程是一个吸热、多相的可逆反应。

它的平衡常数表达式为：

$$K_P = \frac{p_{CO_2}}{P}$$

式中，P 为标准大气压。

因此，$CaCO_3$ 的分解温度就是其分解压（p_{CO_2}）等于气相中 CO_2 分压（p'_{CO_2}）时的分解温度。用化学反应等温方程式表示如下：

$$\Delta G = -RT\ln K_P + RT\ln Q_P = RT\ln\frac{Q_P}{K_P}$$

式中，Q_P 为非平衡态时的比例常数。

只有 $Q_P < K_P$，$\Delta G < 0$ 时，分解反应才能自动进行。而 Q_P 与 p'_{CO_2} 成正比例关系。据此，创造条件来满足石灰石的煅烧气氛：a. 减少气相中产物 CO_2 气体的压力，即采用风机不断抽出窑气混合物，从而使 Q_P 降低；b. 提高温度，增大 K_P。

根据 $CaCO_3$ 的分解反应，$CaCO_3$ 的分解压 p_{CO_2} 与分解温度 T 的关系可用下式表示：

$$\lg p_{CO_2} = -\frac{8920}{T} + 7.5$$

式中，T 为分解温度，K。

由此方程可知，$CaCO_3$ 在一定温度下要对应一定的分解压，并随着温度的升高而升高，而且升高的速率相当快，因此升高温度是加速 $CaCO_3$ 分解的有效措施。在实际生产中，石灰在窑炉内煅烧并不是处于理想状态下，石灰石表层在 810～850℃开始分解，而内层由于分解表层 CaO 的气孔中充满分解析出的 CO_2，石灰石内层的 CO_2 分压比窑气中高，分解温度也相应要高。因此可通过引风机不断抽出窑气，采取负压操作，加快 $CaCO_3$ 的分解速度，缩短石灰石在窑内烧成带的停留时间。

从以上分析可以得知，提高窑温可以加快石灰石的分解速度，为

加快石灰石的分解，应该尽量提高窑温。但是，如果窑温超过1150℃时，一般耐火材料（黏土砖，高铝砖）就容易在窑壁结瘤，同时，提高窑温意味着增加燃料的消耗量，故在实际生产中应控制在一个比较合适的温度范围内，一般窑温控制在1000～1100℃为宜。

石灰石煅烧速度与温度的关系见表1-4。

表1-4 石灰石煅烧速率与温度的关系

温度/℃	900	950	1000	1050	1100	1150	1200
煅烧速率/(mm/h)	3.3	5.0	6.6	10	14	20	30

三、煅烧工艺对石灰活性度的影响

石灰的活性度取决于它的组织结构，石灰的组织结构与煅烧温度和煅烧时间密切相关。影响石灰活性度的组织结构包括体积密度、气孔率、比表面积和CaO矿物的晶粒尺寸。晶粒越小，比表面积越大，气孔率越高，石灰活性就越高，化学反应能力就越强。

四、煅烧时间的影响

由图1-6可以看出，随着煅烧时间的延长，石灰的体积密度逐渐增大，从而使石灰气孔率降低，比表面积缩小，CaO晶粒长大，石灰活性降低。石灰石在受热分解时，放出了CO_2，使石灰的晶粒上

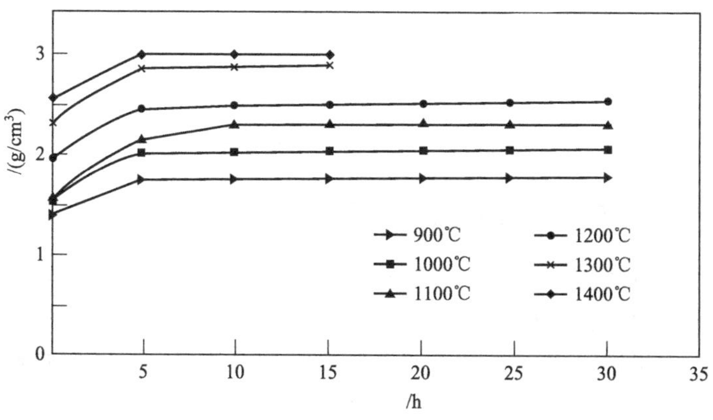

图1-6 石灰体积密度与煅烧时间和煅烧温度的关系

出现了空位，CaO 晶粒处于不稳定状态，CaO 分子比较活泼，因而活性高，这时快速冷却，把石灰这种不稳定的组织结构固定下来，石灰活性就会提高。

五、煅烧温度的影响

石灰的煅烧温度与石灰性质的关系见表 1-5。由表 1-5 可知，石灰石在 900～1100℃左右的温度下生产的石灰疏松多孔，CaO 晶粒高度弥散，排列杂乱且晶格有畸变，使其具有大的比表面积和高的自由能（活性度高）。随着温度的升高，CaO 晶体结构不断发育，由杂乱排列逐渐排列紧凑，结构致密，石灰体积收缩，气孔率下降，比表面积降低，石灰活性降低。因此煅烧石灰的温度应控制在 1200℃以下，最佳煅烧温度为 1000～1100℃。

表 1-5 石灰的煅烧温度与石灰性质的关系

温度 /℃	结晶粒度 /μm	密度 /(g/cm³)	比表面积 /(cm²/g)	气孔率 /%	收缩率 /%	过烧率 /%
800	0.3	1.59	19.5	52.5	0	
900	0.5～0.7	1.52	21.0	53.5	−2.0	5
1000	1.8	1.55	18.0	52.0	4.2	10
1100	4.0	1.62	16.5	50.0	10.0	20
1200	6～13	1.82	12.0	47.0	18.0	40
1300		2.05	4.50	35.0	18.0	50
1400		2.60	1.50	27.0	38.0	65

六、影响窑气 CO_2 浓度的因素

气烧石灰窑生产工艺技术比较先进，具有丰富完善的监控手段，操作比较便捷，通常情况下对窑气中 CO_2 浓度并不要求进行严格的监控。而机械立式石灰窑生产工艺技术相对落后，生产影响因素较多，对窑内生产状况的监控手段相对比较匮乏。窑气 CO_2 的浓度是石灰窑窑况最直接、最重要的指针。CO_2 浓度的高低，可直观反映

出窑况的好坏。CO_2 浓度越高，意味着石灰窑内石灰石分解状况越好，而生产性消耗越低。CO_2 浓度与石灰窑多项生产因素有关，而最为直接的影响则是投窑料配焦比的影响。

1. 配焦比的影响

配焦比的确定是石灰窑操作中的关键环节，它直接影响着石灰窑各项指标的完成。我们通过下列公式可以看出配焦比和窑气 CO_2 浓度呈反比的关系。

$$C_{CO_2}=\frac{\frac{CaCO_3\%}{100}+\frac{MgCO_3\%}{84.3}+\frac{C\%}{12}\times F}{\frac{CaCO_3\%}{100}+\frac{MgCO_3\%}{84.3}+\frac{C\%}{12}\times F\times\frac{1}{0.209}}\times100\%$$

式中 $CaCO_3\%$——石灰石中 $CaCO_3$ 的百分含量；

$MgCO_3\%$——石灰石中 $MgCO_3$ 的百分含量；

$C\%$——燃料中固定碳的百分含量；

0.209——空气中氧的摩尔分数；

F——配焦比，%。

由上式可以看出，在满足石灰石分解所需的热量条件下，增大配焦比会降低窑气 CO_2 浓度。如在正常生产条件下，配焦比从 9%升高至 10%，窑气 CO_2 浓度会从 40.48%降低至 38.98%，降低了 1.5 个百分点。同时配焦比过高还会使煅烧区延长、煅烧温度过高，造成石灰过烧、结瘤等现象；但如果配焦比过低，煅烧区热量不足，温度低，使石灰生烧，煅烧区下移，灰温高。同时灰温的升高又增大了窑下部的阻力，使风压增高，进风量减少，进一步使煅烧区下移。这两种情况都会扰乱石灰窑的热工制度，降低窑气 CO_2 浓度。因此，要想提高窑气 CO_2 浓度，就必须对石灰石及焦炭进行准确配比。

① 焦炭中水分含量的影响。焦炭是多孔疏松性的物质，具有易吸湿性，尤其在夏季阴雨季节，焦炭中的水分含量波动极大。对投窑焦炭的干基配焦比有较大的影响，所以必须在窑前对投窑焦炭进行准确的水分分析，并针对投窑焦炭的水分含量，及时、准确地进行投窑配焦比的调整。

② 焦炭含碳量和发热量的影响。因为在同等条件下，石灰石分解所吸收的热量和石灰窑的热损失是一定的，所以我们就要根据焦炭

的含碳量和发热量的变化情况来及时调整配焦比。通常受料场场地限制，到货焦炭在做完进货分析后混合堆放，因此很难对不同批次的焦炭做出明显的区分，在操作中，操作人员也只能凭经验从焦炭的外观进行简单的区别判断，要做到对不同批次的焦炭进行准确区分和使用是非常困难的，但是应该尽可能地进行区分，并按实际窑况使用。

③ 焦炭机械强度的影响。煅烧石灰石所用焦炭要有一定的机械强度，如果机械强度过低，则在焦炭入窑过程中合格的焦炭块会因倒运、输送而破碎，焦末增多。一方面焦末远离煅烧区就燃烧完，造成煅烧区内石灰石煅烧温度不够，同时在物料下移的过程中，焦末在大块物料的间隙中下落的速度要快于大块物料，极易引起煅烧带拉长；另一方面焦末的存在增加了石灰窑的阻力，使进风量减少，从而影响窑气 CO_2 的浓度。

2. 石灰石质量的影响

窑气中的 CO_2 大部分来自石灰石中 $CaCO_3$ 的分解，所以石灰石中 $CaCO_3$ 含量的高低对石灰窑的工艺状况和窑气 CO_2 浓度影响巨大。在石灰石投窑前应尽可能筛除石灰石中掺杂的泥土及石块碎屑，以避免石灰石中杂质对石灰窑窑气 CO_2 浓度有较大影响。同时根据有关研究资料表明，泥土中 SiO_2、Al_2O_3、Fe_2O_3 等有害成分含量高，在高温下易生成 $3CaO \cdot SiO_2$ 外壳。这层外壳不仅消耗有效成分 CaO，而且还降低石灰的反应能力和活性度。此外，当 CaO 与 Fe_2O_3 反应时，会生成 $CaO \cdot Fe_2O_3$ 和 $2CaO \cdot Fe_2O_3$。当石灰窑高温带局部达到 1225℃时，燃烧带的过剩 CO 便可能将 Fe_2O_3 还原成 FeO，从而促进低熔点化合物的生成，导致窑内结瘤。另外，Al_2O_3 与 CaO 反应会生成 $CaO \cdot Al_2O_3$ 和 $3CaO \cdot Al_2O_3$。当存在 $CaO \cdot Fe_2O_3$，窑内局部温度达到 1380℃ 时，还将生成低熔点化合物 $4CaO \cdot Al_2O_3 \cdot Fe_2O_3$，导致窑内结瘤。对于杂质含量较高的石灰石，一般采取降低配焦率进行低温煅烧的原则，避免窑内因杂质含量过高而出现大量结瘤情况。

3. 石灰窑热损失的影响

石灰窑热损失主要包括：①窑体散热损失；②废气、出灰带出的热量；③燃料未完全燃烧。一座石灰窑保温效果的好坏直接影响到它的热损失，一般情况下，单窑窑体的热损失是相对稳定的，而每座石灰窑的热损失是不同的。因此，我们要结合每座石灰窑的使用年限、保温效果等情况来调整各窑的配焦比，另外，在操作中我们还应严格控制石灰窑顶温度、出窑石灰温度，减小热损失，从而降低配焦比。

4. 物料混合与分布的影响

石灰石和焦炭在上料过程中的混合及在窑内的分布，直接影响到石灰石有效分解率的高低。如果窑内石灰石和焦炭分布不均，则会导致石灰窑发生偏窑而使石灰石生烧、过烧，增加石灰石和焦炭的消耗，降低窑气 CO_2 浓度。

5. 石灰石和焦炭粒度的影响

石灰石和焦炭的粒度对煅烧区的集中、稳定影响极大。理论上石灰石的最小粒度不能小于 $0.01d$（d 为窑的内径），最大与最小粒度的比例极限为 3∶1。只有这样才能保证窑内有 1/3 到 1/4 的气体通道面积，使气流均匀通过，有利于煅烧区的集中、稳定。石灰石粒度过大所需分解时间长，石灰石在窑内得不到充分分解，造成石灰生烧；粒度过小，增加了窑内阻力。这两种情况都不利于煅烧区的集中。焦炭粒度在很大程度上取决于石灰石的粒度，如果焦炭的粒度过大，在窑内燃烧时间过长（即焦炭在冷却区内还燃烧），就会造成空气中的大量氧气在冷却区被消耗掉，使燃烧区的焦炭不能进行充分燃烧，形不成煅烧石灰石所需的高温煅烧区，煅烧区下移（灰温升高）。如果焦炭粒度过小，不但增加了焦炭的不完全燃烧量，而且焦炭入窑后过早燃烧，进入煅烧区的焦炭量减少，造成煅烧区上移（顶温升高），还由于小粒度焦炭易下落，造成燃烧区拉长，使石灰生烧；另外，焦炭粒度小，减少了送风通道的面积，增加了窑内的阻力，更不利于煅烧区的集中、稳定。在实际生产中应尽可能对部分偏碎焦炭进行筛分，使粒度比较均匀。实践表明：采用不大的粒度比，对于缩短物料在窑内的停留时间、减少料层阻力、减小粒度偏析的影响、减轻窑壁效应等具有较好的效果，为优化石灰窑热工制度，提高窑气 CO_2 浓度提供了可靠的保障。

6. 送风量的影响

正常生产情况下，送风量要与焦炭的加入量相匹配。理论上每煅烧 1t 100% $CaCO_3$ 的石灰石需要空气 570m^3，石灰窑所需风量大小可依此数据为基础来选定。送风量过大会消耗更多的热量来加热过量的空气，并且降低了煅烧区中气流温度，降低了石灰石分解速度，同时会造成预热区氧气含量增高，燃料没有降到煅烧区就开始燃烧，结果造成煅烧区上移，顶温升高，出气热损失增大；送风量过少会使煅烧区下移，灰温升高，出灰热损失增大。在生产中我们要根据投料量、配焦比等条件从理论上计算出混合料所需的风量，还要根据顶温、灰温、窑气成分的变化及时对风量进行调节。要想得到高浓度的窑气 CO_2 我们就必须合理地使用风量，使煅烧区集中、稳定。一般情况下尽量避免风量的大起大落，力求勤调、微调。但在特殊情况下，如处理煅烧区上移、下移或拉长、偏窑等故障时，我们也可以根据实际情况临时送大风。

7. 石灰窑热效率的影响

提高石灰窑的热效率是进行石灰窑操作的核心工作，在窑壁热损失一定的情况下，提高石灰窑热效率的途径主要是控制好石灰窑的顶温、灰温。在生产中，在加料和出灰时窑内阻力要比静止时的阻力大，送风量小。所以应该尽量提高出灰速度，缩短出灰时间、提高上料速度，缩短上料时间，这样在石灰窑高负荷的情况下，延长了静止时间，增加了石灰窑的送风量，维护了高负荷下煅烧区的集中、稳定，降低配焦比，提高窑气 CO_2 浓度。

第七节　电石生产影响因素分析

一、原料中杂质的影响

原料中的杂质主要包括氧化镁、氧化硅、氧化铁、氧化铝等。

当炉料在电炉内反应生成碳化钙的同时，各种杂质也进行反应：

$$SiO_2 + 2C = Si + 2CO - 574kJ$$

$$Fe_2O_3 + 3C = 2Fe + 3CO - 452kJ$$

$$Al_2O_3 + 3C = 2Al + 3CO - 1218kJ$$

$$MgO + C = Mg + CO - 486kJ$$

上述反应不仅消耗电能和炭材，而且影响操作，破坏炉底，特别是氧化镁在熔融区迅速还原成金属镁，而使熔融区成为一个强烈的高温还原区，镁蒸气从这个炽热的区域大量逸出时，其中一部分镁与一氧化碳立即起反应，生成氧化镁：

$$Mg+CO \xlongequal{} MgO+C+489kJ$$

此时，由于反应放出强热形成高温，局部硬壳遭到破坏，使带有杂质（Si、Fe、Al、Mg）的液态电石侵蚀炉底。

另一部分镁上升到炉料表面，与一氧化碳或空气中的氧反应：

$$Mg+\frac{1}{2}O_2 \xlongequal{} MgO+61.4kJ$$

当镁与氧反应时，放出大量的热，使料面结块，阻碍炉气排出，并产生支路电流。还破坏局部炉壳，甚至使熔池遭到破坏，堵塞电石流出口。还有部分氧化镁在熔融区与氮反应，生成的氮化镁（Mg_3N_2），使电石发黏，造成出炉困难。影响正常生产。实践证明，石灰中氧化镁含量每增加1%，则功率发气量将下降10～15 L/kW·h。

二氧化硅在电石炉中被焦炭还原成硅，一部分在炉内生成碳化硅，沉积于炉底，造成炉底升高；另一部分与铁作用生成硅铁，硅铁会损坏炉壁钢壳，出炉时会损坏炉嘴和电石锅等。

氧化铝在电石炉内不能全部还原成铝，一部分混在电石里，降低了电石的质量，而大部分成为黏度很大的炉渣，沉积于炉底，使炉底升高，严重时，炉眼位置上移，造成电炉操作条件恶化。

氧化铁在电炉内与硅熔融成硅铁。

磷和硫在炉内分别与石灰中的氧化钙反应生成磷化钙和硫化钙混在电石中。磷化钙在制造乙炔气时混在乙炔中有引起自燃和爆炸的危险。硫化钙在乙炔气燃烧时，变成二氧化硫气体，对金属设备有腐蚀作用。

依据氧化物的反应热量平衡计算，平均每千克氧化物还原需要耗热折电2.5kW·h、耗焦0.32kg。如果炭材中灰分增加1%，按焦耗580kg/t计算，则影响电石电耗约580×1%×2.5=14.5kW·h/t；影响电石焦耗约580×1%×0.32=1.86kg/t。平均每千克氧化镁及氧化硅还原需要耗热折电为3kW·h、耗焦为0.35kg。如果石灰中氧化镁及氧化硅含量增加 1%，按电石石灰耗 900kg/t 计算，则影响电石电耗约 900×1%×3=27kW·h/t，影响焦耗约 900×1%×0.35=3.15kg/t。

焦炭中灰分含量的升高对电石电耗及焦耗具有综合的影响。灰分高即会造成固定碳含量降低，在电石生产时必然会影响炉料的配比，进而影响到炉料的电阻，造成电极上抬、热损失增大。所以在实际生产中，因焦炭灰分升高而造成电石电耗、焦耗的上升值会远远高于以上的计算。据有关生产试验显示，焦炭中灰分每增加 1%，电石电耗实际会上升达 50～60kW·h/t。

二、炭素材料中水分的影响

假设焦炭投炉时为 25℃，则每千克水分由 25℃上升到 100℃需耗热 314kJ，而每千克水由 100℃化为蒸汽需耗热 2256.8kJ。假设有 50%的水蒸气直接由 100℃加热到 550℃逸出，则需耗热：0.5×0.482×(550－100)×4.187=454.1kJ。

另外 50%水蒸气与炭作用：

$$
\begin{array}{ccccccccc}
H_2O & + & C & = & CO & + & H_2 & & -7300kJ/kgH_2O \\
18 & & 12 & & 28 & & 2 & & \\
0.5 & & 0.33 & & 0.77 & & 0.055 & &
\end{array}
$$

需耗热 0.5×7300=3650kJ。

$CO+H_2$ 带出热为(0.77×0.259+0.055×0.26)×(550－100)×4.187=402.7kJ

这样每千克水分影响电耗合计为：314+2256.8+454.1+3650+402.7=7077.6kJ

折合电能：7077.6/3600=1.97kW·h

假如每吨电石的焦耗为 580kg，则焦炭中水分含量每增加 1%，即影响电耗增加：

580×1%×1.97=11.4kW·h

同时如果焦炭平均含碳量为 84%，则炭素与每千克水分反应增加的焦耗为 0.33/0.84=0.39kg，则焦炭中水分含量每增加 1%，即影响电石焦耗增加：

$$580\times1\%\times0.39=2.3\text{kg}$$

三、炭材中挥发分对电石电耗的影响

炭素材料中挥发分对电石生产的危害也是不容忽视的，实践证明，挥发分在炉内有10%～15%被分解和碳化，使炭素材料的使用效率降低。若炭素原料中的挥发分增加1%，则生产每吨电石多耗电3～5kW·h/t。另外，挥发分靠近反应区，形成半融黏结状，使反应区物料下落困难，容易引起喷料现象，使热量损失增加。对于开放炉，使炉面火焰增长，操作环境恶化。

四、石灰生过烧的影响

大块石灰石中心部位来不及分解就被卸出窑来，这个夹心实际是碳酸钙。在电石炉内这部分碳酸钙要进一步分解成石灰，然后与碳反应生成电石，分解碳酸钙需要热量，这个热量要由电能来提供，这就增加了电耗。此外，还要影响炉料配比，打乱了电炉的正常生产秩序。

按碳酸钙分解反应式：

$$CaCO_3 = CaO + CO_2 - 1779.5\text{kJ/kg}CaCO_3$$

计算，每千克碳酸钙分解后，生成0.44kgCO_2，这些生成的CO_2中约有75%左右还会跟碳作用生成CO：

$$CO_2 + C = 2CO - 3919\text{kJ/kg}CO_2$$

需要耗热为3919×0.75×0.44=1293.3kJ，根据热量衡算，最终生成的CO_2和CO随炉气逸出时带走热量为210kJ。则每千克碳酸钙在电石炉内分解所耗热折电为约0.91kW·h，耗焦为0.11kg。如果按电石石灰耗900kg/t计算，石灰中生烧增加1%，则影响电石电耗900×1%×0.91=8.19kW·h/t，影响焦耗约900×1%×0.11=0.99kg/t。

过烧石灰坚硬致密，密度大，反应接触面减小，活性差，影响产品质量和产量。

五、粉化石灰的影响

石灰在生产和贮存的过程中，吸入空气和炭材中的水分而产生一部分氢氧化钙，氢氧化钙在电炉内发生如下反应：

$$Ca(OH)_2 = CaO + H_2O - 109kJ$$

$$H_2O + C = CO + H_2 - 166kJ$$

在电石生产过程中，粉化石灰不但要多消耗电能和炭素原料，而且还要影响电石操作。炉料中的粉末含量较多时，容易使电极附近料层结成硬壳，产生棚料现象。棚料有两种害处：一是降低炉料自由下落的速度，减少投料量，使电石炉减产；二是阻碍炉气自由排出，增大炉内压力，最后发生喷料和塌料等现象，影响电石炉正常操作。

按照氢氧化钙在炉内反应式进行衡算，每千克石灰风化后投炉反应，将需要消耗热量 4911.5kJ，折电为 1.36kW·h，需耗焦炭 0.21kg。如按电石石灰耗 900kg/t 计算，石灰风化 1%，则影响电石电耗 900×1%×1.36=12.24kW·h/t，影响焦耗约 900×1%×0.21=1.89kg/t。

六、原料粒径的影响

石灰粒径过大，接触面积小，反应速度慢；粒径过小，炉料透气性不好，影响炉气的排出，不仅影响操作，而且有碍于反应往生成电石的方向进行。

炭材粒径不同，其电阻相差很大。一般是粒径越小，电阻越大，在电炉上操作时，电极易深入炉内，对电炉操作有利。但粒径过小，透气性差，容易使炉料结块，电炉操作反而不利。

根据层堆粒状焦炭电阻测试实验结果，粒状焦炭的名义结构电阻（$\rho_{结}$）为粒状焦炭的本征电阻（$\rho_{本}$）与接触电阻（$\rho_{接}$）之和，可以近似地用下列公式表示：

$$\rho_{结} = \rho_{本} + \rho_{接}$$

$$\rho_{结} = \rho_{本} + \frac{a}{r^{\left(b - \frac{c}{p}\right)}}$$

式中 r——焦粒的当量直径，cm；

p——层堆粒状焦炭所承受的负荷，MPa；

a、b、c——与焦粒几何形状有关的经验常数。

这样，影响粒状焦炭结构电阻的诸多因素就可以分别由焦炭的本征电阻和接触电阻所表现出来。焦炭的本征电阻与温度的变化密切相关，温度越高，其本征电阻越小。而粒径的大小、几何形状、粒径分布和焦层上压力的变化，则会改变堆层粒状焦炭的接触电阻。如果认为焦炭几何形状、粒径分布及焦层上压力固定不变，仅考察焦炭粒径变化对接触电阻的影响，则焦炭粒径越大，其接触电阻越小。

对于不等径焦炭的粒径分布的影响，通常焦炭的堆积密实程度越大，则其接触电阻越小。

炭素原料粒径与电阻的关系见表1-6。

表 1-6 炭素原料粒径与电阻的关系

单一粒径	粒径/mm	0～3	3～10	10～15	15～20	20～25	
	电阻/Ω	18	10	6.6	6.1	5	
混合粒径	粒径/mm	0～3	3～10	10～15	15～20	20～25	电阻/Ω
	%	10	70	15	5		7.25
	%	25	63	10	2		9.10
	%	5	40	35	15	5	6.00

七、炭素原料粉末的影响

炭素原料粉末对电石生产有很大影响；粉末多了以后，炉料透气性不好，电石生成过程中产生的一氧化碳气体不能顺利排出，减慢了电石生成反应的速度。

炉料透气性不好，使炉压增大，容易发生喷料和塌料现象。结果使大量生料下落到熔池，使电极周围和熔池区域料层结构发生变化，炉料不是有序地连续发生变化，逐步沉降下去，而是突然有大量生料漏入熔池，造成电极上升，对炉温和电石炉内的反应的连续性产生很坏的影响，产品质量易降低。同时易造成人身伤害。

粉末多的时候，许多粉末被炉气带走，炉料的配比就不准了。粉末在料层中容易结成硬壳，电极附近产生支路电流，造成电极上升。

八、炉料配比的影响

石灰和炭素原料构成电炉炉料。炉料配比正确与否，对电石炉操作有很大影响。

通常高配比炉料生产电石，可以得到发气量高的产品，但炉料比电阻小，操作比较困难；低配比炉料生产电石，炉料比电阻较大，电极易深入炉内，电炉比较好操作，但生产出的电石发气量相对较低。

炉料比电阻与炉料中焦炭配比有如下近似关系：

$$\rho=193000\cdot X^{-1.75}$$

式中 ρ——混合炉料的比电阻，$\Omega\cdot mm^2/m$；

X——每百千克石灰配用的焦炭的质量，kg。

可以看出，X 越大则 ρ 越小；反之，X 越小则 ρ 越大。如果炉料配比为 70%，炉料的比电阻为 $113.9\Omega\cdot mm^2/m$；而炉料配比为 60%时，炉料比电阻为 $149.2\Omega\cdot mm^2/m$。可以看出随着炉料配比的下降，其比电阻则明显上升。

九、石灰粒径对混合料比电阻的影响

石灰本身几乎不导电，粒径大小对单纯的石灰来说其比电阻基本不发生变化。但是石灰粒径大小对石灰与炭素原料混合后的混合炉料的比电阻具有非常大的影响。

混合炉料中石灰粒径在 25mm 以下范围时，其比电阻为：

$$\rho=640-21.7A$$

混合炉料中石灰粒径在 25mm 以上范围时，其比电阻为：

$$\rho=148-2.1A$$

式中 ρ——混合炉料的比电阻，$\Omega\cdot cm$；

A——石灰的平均粒径，mm。

第八节 正常操作方法

一、炭材烘干岗位

（一）沸腾炉正常操作

（1）点火

在炉床上加铺厚度 250mm 左右的过筛干粗黄砂，并同时加入占

其总量8%～10%，粒度<10mm的优质煤。若用于煤渣做床料，则视渣的含煤量多少适当减少加入的煤量。然后开启风机使床料混合均匀、平整。视炉型大小加入适量木柴，浇洒适量废机油，用浸油的废棉纱引燃，以预热炉膛和加热底料。底料上有足够火炭层后，再把未烧透的木柴钩出，将赤红火炭层耙平。开动风机，瞬间将风压升至3500Pa后突然关闭风门，使火炭、砂、煤三者混合均匀，再徐徐开启风门，使炉料均匀蠕动，并不断搅拌均化，扒出焦块，待全部炉料燃烧成桔黄色后，加大风门开度，使之沸腾燃烧。

（2）运行

司炉人员必须密切监视仪表及炉膛燃烧情况，注意调整风量、风压、给煤量以让沸腾炉膛保持在一定温度范围内正常燃烧，并利用增减风、煤量来控制温度及供热大小。

送风量控制：风门未动而风量自动减小，风室压力自行变大，说明煤粒过大或料层增厚，遇此应排渣，保持风量均衡。一般供热功率为一定值时，给煤量为不变值，可改变送风量维持正常运行，温度下降时，适当减小风量，反之适当增大风量。也可调整煤量控温，让供热功率随给煤量变化。

沸腾层温度控制：运行中应控制沸腾层温度在一定范围内。为了使燃烧尽可能迅速和完全，一般烧无烟煤时，料层温度约为950～1050℃，烟煤较易燃烧，料层温度可控制在850～950℃。运行中沸腾层温度的变化主要是由于风量或煤量变动引起的；或由于风煤量配比失调；或给煤不均匀，甚至因堵塞中断给煤；或运行中变换了煤种，风煤量调节不及时，不得当；或烧混煤时，混合不均匀，给煤量调节不合适。司炉人员必须注意温度的变化，及时调整和控制料层温度。

（3）排渣

正常排渣：当正常运行中给煤量一定，即供热量确定，炉温正常并渐渐升高，而风阀开度已偏大，且风压超过5000Pa，说明料层过厚，应适量排渣。

紧急排渣：结焦后，停止系统设备运行，将结焦的渣块从大炉门用工具扒出。

(4) 压火备用

一班或两班作业需停炉压火备用。压火前，先停止给煤机，待炉温下降到800℃（用眼观察，呈桔红色）左右，迅速用锹加入料层总量15%左右的煤粒（碎粉煤），与炉料充分混合，在炉温尚未上升之前关闭风机，密闭风门，并停止排风机，关好炉门，进入压火状态。

需开炉时，启动鼓风机，徐徐打开风门，使炉温逐步升高，不断搅拌炉料，扒去焦块。待整体炉料均匀地转为桔黄色后，开动系统设备，转入正常运行。

（二）烘干机正常操作

1. 开机顺序

(1) 点燃热风炉，调节各有关控制阀门。

(2) 启动套筒烘干机。

(3) 启动给料拖料皮带机向烘干机进湿焦；并顺序启动出料皮带机向日料仓出料。

(4) 启动除尘器。

(5) 控制烘干机烟气出口温度小于130℃。

2. 停机顺序

(1) 停机前30min，停止沸腾炉供煤系统，停止喂料。

(2) 等烘干机筒内的物料全部卸完后，再停止烘干机的电机转动。

(3) 停止运输干物料的设备。

(4) 停机后每隔10～15min转动一次筒体，直至冷却为止，以防止筒体变形。如因事故停机，除马上停止供煤外，同时也应按上述方法转动筒体，筒体内的物料也应尽量排空直至筒体冷却为止。

二、双套筒石灰窑岗位

（一）烘窑操作

1. 装窑

(1) 在6个卸料台上覆盖一层10～20mm石灰石用于窑装料时的保护。

(2) 在每个拱桥的上部铺设保护草袋，并加以适当的固定。(当装窑石灰石料面自下而上到达保护草袋位置时可以撤除这些草袋；或不撤除草袋，让其自行烧毁。)

(3) 启动石灰窑上料装置，将10～20mm石灰石加入石灰窑内。

(4) 当料面到达下拱桥时，卸料机构以每小时大约6个冲程投入运行。卸出石灰石通过窑底旁通卸灰皮带机卸出窑外，采用汽车运出。

(5) 当料面覆盖完上拱桥顶部部件之后，开始将40～80mm粒度的石灰石加入石灰窑内。

(6) 当料面到达上部人孔下方1m处时，启动卸料机构，以40s一个冲程投入运行。观察料面情况，如发现料面下降不规则，可提高卸料速度。如果发现6个卸料机构卸料不一致，则应检查处理。

(7) 卸料的同时不断补充40～80mm粒径的石灰石加料，保持料面位置不变。

(8) 当窑内10～20mm石灰石全部卸完，出现40～80mm石灰石时，将卸料机构调至每10min一个冲程运行。关闭人孔。

(9) 继续上料，使料面到达窑顶高料位。

2. 点火

(1) 炉气系统(包括炉气总管和炉气环管)送气前必须经过氮气置换合格。

(2) 打开高温废气出口电动调节阀，打开上、下内套筒冷却空气排放出口调节阀FV320、FV350和上内套筒冷却空气进口调节阀FV340。打开冷却风机出口阀，关闭进口阀。启动冷却风机。缓慢打开进口阀。缓慢关闭上、下内套筒冷却空气出口调节阀FV320、FV350，调节上、下内套筒冷却空气流量。

(3) 关闭废气风机进口阀，打开出口阀，启动废气风机。通过调节落灰管手动调节阀，将下燃烧室的窑内负压控制在－0.05～－0.1kPa。关闭废气去除尘器蝶阀SV651，打开废气去除尘烟囱蝶阀SV652，使高温烟气从烟囱排出。关闭窑顶废气出换热器蝶阀TV602。

(4) 关闭驱动空气进入换热器的管道盲板，打开驱动空气进入驱动空气环形管的管道盲板，调节通向喷射器的 6 个电动调节阀 FV511～FV516，保证进入下燃烧室的气体分布均匀。当窑顶负压 PT601 达到－1kPa 时，启动驱动风机。

(5) 检查烧嘴进口炉气切断阀 SV411～SV416 已关闭到位。开启炉气总管的手动闸阀、快速切断阀、电动调节蝶阀 FCV401，逐渐打开烧嘴进口炉气调节阀 FV411～FV416，将炉气送到下烧嘴。

(6) 对石灰窑进行强制通风 30min 后，可以启动点火操作。

(7) 电子点火枪插入 1 个下燃烧室内设定位置。依次将 6 根点火枪分别插入下燃烧室内。

(8) 操纵电子点火枪的开关键并同时按下烧嘴控制盘的启动键，依次打开下烧嘴上的 EVH411～EVH416 切断阀 3s，逐一点燃每个烧嘴，点火动作必须在 3s 内完成，否则火焰探测仪检测不到火焰，电动关闭阀 EVH411～EVH416 将自动关闭。点火失败时，燃烧器控制开关板上会显示信号。

(9) 在重新尝试点火之前，必须切断燃烧控制器，并重新接通以便进行重新设置。

(10) 点火成功后，可以将点火枪从燃烧室中拿出，关闭点火枪通道球阀。

(11) 调整每个烧嘴上的人工手动阀，对燃气量和助燃空气量进行调整，燃气量调整到最低可能值。

(12) 下燃烧室温度必须严格按升温曲线进行检查、控制。如升温过快，可以增加燃烧室的空气量，直到温度达到正常升高为止。

(13) 当下燃烧室温度稳定 3～4h 后，应增加燃气量或减少助燃空气（但不能低于燃烧“空气比”的极值），以使温度稳定上升。

(14) 加热期间，应不断减少石灰石的装入量，避免造成石灰石挤压堵塞。

(15) 上燃烧室温度控制以每小时 10～15℃的速度升温，上燃烧室温度在未达到 650℃前不能启动上燃烧室。

(16) 打开上燃烧室炉气管道上的调节阀 FV431～FV436 将炉气送到下烧嘴。依次调节上燃烧室的电动流量阀 FV431～FV436，用尽可能最少的炉气流量依次点燃上烧嘴，开启上燃烧室炉气切断阀

SV431～SV436，逐一点燃上燃烧室烧嘴。

(17) 在上部燃烧器点火后大约2h内，必须仔细观察上燃烧室的温度上升情况。如果温度升高过快，可以减少燃气量或者增加空气量。相反，如果上燃烧室的温度降低，需要通过减少燃烧室的空气比来减少助燃空气。

(18) 当上燃烧室温度上升到1000℃时，关闭上内套筒冷却空气排放调节阀FV320，增加燃烧室空气量。

3. 启动热交换器

(1) 点火升温期间，若废气出口温度低于200℃时，应保持换热器废气出口蝶阀FV602关闭。定时通过打开灰尘阀瓣排出换热器集尘斗内积聚的冷凝水，排水后立即关闭灰尘阀，以防止空气进入。

(2) 当废气温度高于200℃时，打开热交换器废气蝶阀FV602，打开驱动空气进、出换热器的管道盲板，关闭驱动空气直接进入驱动空气环形管的管道盲板。

4. 启动废气除尘器

(1) 点火升温阶段应关闭废气去除尘器蝶阀SV651，打开废气去烟囱蝶阀SV652，除尘器处于旁路放散状态。

(2) 当总废气温度大于150℃时，打开废气去除尘器蝶阀SV651，关闭废气去烟囱蝶阀SV652，使烟气进入除尘器内，废气除尘器投入使用。

(二) 正常操作

1. 上料系统操作

(1) 上料系统操作分为自动模式和手动模式。正常生产时采用自动模式，维修时建议采用手动模式。

(2) 自动模式时，由窑顶料位计LT740连续检测窑内石灰石的料位，当料位到达料位低限设定值时，料位计LT740发出信号，上料系统自动开始向窑内上料。料位计LT740在连续上料的同时连续检测石灰石的料位，当窑内石灰石料位到达高料位设定值时，上料系统自动停止上料。

(3) 如果当料斗在中间位置卷扬机电机发生停止，需要操作者在“手动”模式下重新回复到料斗到底部位置，在没有装料的情况下重新开始一个完整的上料过程。

(4) 每一次选择切换执行自动模式上料时，第一次将在不带料的情况下执行一个完整的上料运行过程。

(5) 在窑顶、卷扬机房、称量室、控制室内任一急停按钮按下时，石灰石卷扬机都会紧急停止运行。

(6) 当小车运行位置超出高、低限位开关，以及卷扬机绳索松弛的情况下，卷扬机将报警并自动停止运行。

2. 出灰系统操作

(1) 出灰系统操作分为自动模式和手动模式。自动模式为设定暂停时间下的自动运行；手动模式为所有设备均由操作者进行连锁启动。正常生产时采用自动模式，建议维修时采用手动模式。

(2) 窑底共有6个出灰推杆，6个出灰推杆同时动作。

(3) 一个工作周期包括推杆的驱动前进、暂停、后退三个时间。其中暂停时间由操作者通过参数页改变设定。

(4) 暂停时间的设定应根据石灰窑的生产量及循环气温度变化进行综合设定。原则上生产量高，暂停时间设定较短；循环气温度升高，应设定较短的暂停时间增加出灰量，以使循环气温度恒定。

窑底料仓出灰分为自动模式和手动模式。在自动模式下，石灰料仓出料由料仓内的高、低料位LTH810/LTL810控制石灰的出料启动和停止。在手动模式下，石灰料仓的出料由时间调节器控制在周期时间内动作出料。出料动作时间和暂停时间可通过参数页改变设定。

3. 内套筒冷却空气系统操作

(1) 内套筒冷却空气系统操作分为自动模式和手动模式。选择自动模式时，内套筒冷却空气系统的设备启、停由计算机相应程序自动完成。手动模式时，内套筒冷却空气系统的设备启、停需要人工按自动模式时相同的启、停顺序进行操作。手动模式仅在设备维修时使用。

(2) 内套筒冷却空气系统设备启、停顺序

① 选择风机M301或M302作为使用风机，另一台作为备用风机。

② 关闭风机出口切断阀EVL301或EVL302。收到ZSL301或

ZSL30 信号时，表明风机出口切断阀上的限位开关已关闭到位。

③ 在 PC 操作界面选择自动模式或手动模式。

④ 启动选择的冷却风机 M301 或 M302。

⑤ 逐渐关闭上、下套筒冷却空气出口调节阀 FV320 和 FV350，以调节上、下套筒冷却空气流量。

⑥ 如果选定启动的冷却风机突然非正常停止运行，风机出口将出现低压报警，备用风机将自动启动，风机的出口阀门将自动打开，非正常停机的阀门将自动关闭。

⑦ 一旦石灰窑开始升温，冷却空气必须常开，以保证石灰窑内套筒的冷却降温。

⑧ 冷却风机设有备用电源，当主电源意外断电时，备用电源自动启用，保证冷却风机不意外停运。

⑨ 石灰窑停窑后，不能立即停止冷却风机运行，必须待内套筒温度下降至常温后，方可停止冷却风机运行。

(3) 当出现下列情况时，燃气切断阀 FCV401 将会自动关闭：

① 下套筒入口冷却空气流量低；

② 上套筒入口冷却空气流量低；

③ 上套筒出口冷却空气流量低；

④ 下套筒出口冷却空气温度高；

⑤ 上套筒出口冷却空气温度高；

⑥ 风机出口冷却空气压力非常低。

4. 废气系统操作

(1) 废气系统操作分为自动模式和手动模式。如果选用自动模式，则废气系统将按设定的顺序自动启动所有设备。如果选用手动模式，操作者必须以同样的顺序手动启动每一个电机和电动阀门。手动模式在设备维护时使用。

(2) 在烘窑、开窑阶段，应选择忽略布袋除尘器操作。手动关闭废气去布袋除尘器蝶阀 SV651，手动打开废气去排放烟囱蝶阀 SV652，将高温废气通过旁路直接放散。

(3) 在未出现以下报警情况下，可以启动废气风机：

① 废气风机振动大；

② 废气风机进口的流量风门关到位；

③ 废气风机进口的风门和除尘风机进口的风门未出现过力矩报警。

（4）以最小速度启动废气风机。

（5）打开废气风机进口风门 MFV605。

（6）调节风机变频器，逐渐增加废气风机速度，增加套筒窑的负压 PT611。套筒窑的负压 PT611 与废气风机变频器联锁，在自动模式下，当套筒窑负压发生变化时，废气风机变频器自动进行相应调整，以控制窑内负压。

（7）废气布袋除尘器投入运行：

① 当石灰窑废气出口温度 TT604 高于 80℃时，废气布袋除尘器可以投入运行；

② 启动布袋除尘器粉尘排出系统。启动布袋除尘器的周期性清灰系统；

③ 关闭除尘器风机进口风门 MFV607。以最小速度启动除尘风机；

④ 打开除尘器风机进口风门；

⑤ 调节风机变频器，逐渐增加除尘风机速度。布袋除尘器进口负压 PT607 与废气风机变频器联锁，在自动模式下，当布袋除尘器进口负压发生变化时，除尘风机变频器自动进行相应调整，以控制负压。

（8）打开 SV651 阀，关闭 SV652 阀，布袋除尘器投入运行，废气通过布袋除尘器过滤后，净气由烟囱排放。

（9）在自动模式下，当布袋除尘器进口温度达到高报警值时，将自动打开 SV652、关闭 SV651，将废气通过旁路直接放散。

（10）废气系统的停止运行

① 待燃气系统停止后，可以停止废气系统。

② 当驱动风机停止运行 15min 后，通过操作界面停止冷却风机运行。

③ 延时 5min 后停止布袋除尘器清灰系统运行。延时 5min 后停止布袋除尘器排灰系统运行。

④ 停止布袋除尘器风机运行。

⑤ 打开 SV652 阀，关闭 SV651 阀，将烟气去放散烟囱放散。

5. 驱动空气系统操作

(1) 驱动空气系统操作分为自动模式和手动模式。如果选用自动模式，则驱动空气系统将按设定的顺序自动启动所有设备。如果选用手动模式，操作者必须以同样的顺序手动启动每一个电机和电动阀门。手动模式在设备维护时使用。

(2) 在未出现以下情况时，可启动驱动风机：

① 内套筒冷却风机出口压力非常低；

② 窑顶负压低。

(3) 启动驱动风机 M501。并以最小速度启动另一台驱动风机 M502，由压力控制器 PIC510 控制调节驱动风机 M502 的变频器。

(4) 石灰窑开始升温后，驱动空气温度由 TIC520 通过调整热交换器废气出口调节阀 FV602 来控制。

6. 燃气系统操作

(1) 燃气系统操作分为自动模式和手动模式。如果选用自动模式，则燃气系统将按设定的顺序自动启动所有设备。如果选用手动模式，操作者必须以同样的顺序手动启动每一个电机和电动阀门。手动模式在设备维护时使用。

(2) 燃气系统与其他系统具有联锁关系，只有在以下系统按顺序启动后，燃气系统才能启动：

① 启动内套筒冷却空气风机 (M301 或 M302)；

② 启动废气风机 (M605)；

③ 启动驱动风机 (M501)。

(3) 燃气管道在第一次送气前必须经过氮气置换合格。

(4) 点燃每个烧嘴前，必须向燃烧室内通燃气 1min。

(5) 通常情况下吹扫空气 FV331～FV336 和 FV311～FV316 的常开的，只有在烧嘴燃烧之后才可以关闭。

(6) 当出现下列情况时会发出报警信号：

① 下套筒进口冷却空气流量低；

② 上套筒进口冷却空气流量低；

③ 上套筒出口冷却空气流量低；

④ 下套筒出口冷却空气流量高；

⑤ 上套筒出口冷却空气温度高；

⑥ 风机出口冷却空气压力低；

⑦ 燃气温度高；

⑧ 燃气压力低；

⑨ 燃气压力高；

⑩ 风机出口驱动空气压力低；

⑪ 两台驱动空气风机同时停止；

⑫ 窑出口低负压；

⑬ 废气风机停止；

⑭ 净化空气压力低；

⑮ 压缩空气压力低。

(7) 燃气系统停止运行

① 关闭上、下燃烧嘴切断阀 SV431～SV436 以及SV411～SV416。

② 关闭上、下燃烧嘴调节阀 FV431～FV436 以及FV411～FV416。

③ 关闭煤气总管切断阀 FCV401。

(8) 延时 5min 停止驱动风机运行。延时 15min 停止废气风机和除尘风机运行，废气通过旁路向烟囱放散。

(9) 上下烧嘴控制参数（见表 1-7）。

表 1-7 上下烧嘴控制参数

名称	煤气分配比	空气比
下烧嘴	1.5～2.0	0.20～0.30
上烧嘴	1	0.40～0.55

（三）停窑操作

1. 停烧嘴

(1) 按烧嘴控制盘上的按钮，切断供烧嘴的煤气主阀；

(2) 关闭靠近烧嘴的手动操作阀；

(3) 切断供烧嘴的助燃空气；

(4) 拆下烧嘴，并用密封盖板关闭烧嘴的通道，以防空气渗入；

(5) 用压缩空气吹扫靠烧嘴的煤气管道。

2. 停驱动风机和废气风机

(1) 在停窑期间，内套筒的冷却风机必须保持运行；

(2) 停止驱动风机运行；

(3) 停止废气风机运行；

(4) 调整内套筒的冷却空气量，通过打开所有内套筒冷却空气进入大气的蝶阀，将用于下部内套筒的冷却空气量调节到常规的量，保证下环管温度在300～380℃；

(5) 检查各蝶阀的状况，“总废气蝶阀”和“来自换热器废气蝶阀”必须关闭。

3. 不超过1h的停窑

(1) 首先保持最后的石灰卸料速度约15min，随后暂停3～5min，如果变得有必要对窑内压力升高进行补偿，则可打开窑顶盖，但必须防止雨水漏入；

(2) 窑的所有其他开口都必须保持关闭状态；

(3) “废气蝶阀”保持关闭；

(4) 位于石灰卸料处的对应于烧嘴开口和门的闸板必须保持关闭；

(5) 停窑期间观察石灰的温度。

4. 超过1h的停窑

(1) 在决定停窑之前1h，要快速出料和进料，活动窑，以避免废气温度上升过快；

(2) 停窑后，石灰以较慢的速度连续卸料约1h，这1h中，装料仍然进行；

(3) 在停窑1h后，石灰卸料以每10min一个冲程的速度继续进行1h；

(4) 当停窑时间较长，卸料要求温度较高，因此必须关闭石灰冷却空气蝶阀；

(5) 窑内压力升高，则应打开窑顶盖，必须防止雨水漏入；

(6) 窑的所有开口都必须关闭；

(7) 在停窑时间超过几天后，就有必要通过卸料，以排除窑内的料柱，方法是每天 2 次，每次 30min，每次卸料以每 3 次冲程间隔 3min 的方式进行；

(8) 在停窑期间，窑的装料要连续进行，以保持废气温度在合适的范围内。

(四) 密闭电石炉岗位

1. 配料系统的操作

(1) 手动操作

① 称量系统

a. 设定称量值；

b. 分别按石灰和焦炭称量开始按钮，则石灰和焦炭拖料皮带启动，向计量斗内进料，至称重到达设定值时拖料皮带自动停止。

② 卸料系统

a. 选定环形加料机刮板位置，按刮板弹出按钮，刮板弹出到位；

b. 启动环形加料机；

c. 启动加料皮带机；

d. 启动石灰和焦炭卸料皮带 (可逆皮带机)；

e. 待加料完成后，按逆序停止以上所有设备运行。

(2) 自动操作

① 如果操作方式是手动，在按自动按钮时，必须注意按自动钮前保证称重仓是空仓状态。

② 在自动方式中，输料由计算机控制，巡视工可在四层巡视设备运行情况。

③ 由于卸料时称量斗内物料卸不完，有底数，卸料不能自动停止，造成卸料皮带机不能自动停止，于是自动配料程序不能进行，可改由手动操作方式。

2. 电石炉系统操作

(1) 开炉及其准备

① 烘炉

a. 电炉底垫一层红砖。

b. 三相电极柱加装电极糊，电极糊面保持在接触元件以上，电极端头距炉底 500～600mm。

c. 在底环以下的电极壳上开气体逸散孔，孔径为 ϕ3～4mm，孔间距为 150～200mm，以利于电极糊挥发分的逸出。

d. 在炉壁及炉心位置装填木柴，炉底四周装垫木炭，点火烘烤（中途可根据炉温加添木柴或木炭），温度从低到高，最高温度约 400～500℃，视情况不同烘炉时间控制约 1～3 天，烘炉时，不得停供循环水。

e. 烘炉结束后进行降温、清灰工作，注意保持通风良好。

② 装料

a. 3 个出炉口用红砖砌假炉门，内部穿入一根 ϕ150 木棒。

b. 每相电极下各置 ϕ1600mm×1450mm 启动缸一只，内装 20～40mm 的兰炭。

c. 三只启动缸之间用圆钢互相连接。

d. 炉底平铺 20～40mm 兰炭，厚度为 300mm。

e. 装填混合料，配比 70%，中心高度 1300mm，加入时不得进入启动缸，混合料中间低，周围高，呈碗状。

③ 送电焙烧之前，进行下列检查：

a. 全部绝缘点合格；

b. 系统设备没有漏水、漏油，水压、油压正常；

c. 炉盖检查孔打开，粗气烟囱阀门全开，12 根下料柱关闭；

d. 变压器一次侧接成△型，电极提升，在空负荷下合闸冲击三次，第三次合闸后如果变压器无异常可连续空送一小时；

e. 变压器一次侧改为 Y 型接线，调整二次电压至最低电压级（83.7V），复查短网、导电接触器。绝缘试验符合要求后，电极下降至距离启动缸 50～100mm 处。

④ 焙烧电极

a. 装炉完毕调整电极长度，使电极端头下落至启动缸兰炭上，电极位置应高于行程下限 600mm。

b. 电极糊柱高度控制在 3.5m。

c. 送电焙烧电极，电极电流的热量使兰炭升温、燃烧，随着兰炭温度的升高，电阻逐渐降低，负载逐渐增大，当负荷达到能用仪表控制的程度时，按开车方案进行控制。

d. 电极焙烧应保持三相电流平衡，同时可以根据电极焙烧情况和电极端头产生弧光的情况，适当添加兰炭来调节电极电流，使负载增加速度与焙烧程度相适应，视电极焙烧程度逐步升压。

e. 在电极焙烧过程中，因电极强度差，此时严禁电极端头悬空冒弧光及提升电极。

f. 电极焙烧长度为2400mm，焙烧时间需4～6天，当焙烧基本完成时，电极电流约为额定电流的90%，为75kA。

⑤ 开炉试生产

a. 开炉试生产主要目的：一是彻底完成焙烧电极；二是逐步提高炉温至正常温区，建立正常炉况。因此，开炉试生产期间，炉子负荷应逐步增加。

b. 变压器按Y型接法送电，投加混合料配比60%。

c. 根据首批加料时间及假炉门内圆木燃烧情况，确定第一次出炉时间，待出炉合格及能完全控制炉况后，即可逐步提高料面高度，并逐步提高负荷。当料面接近加料柱下端时，电炉转入正常的闭炉生产操作，变压器按△型接法送电生产。

d. 在电石炉转入闭炉操作前，要停电将变压器二次侧和二次导电接触点紧固一次，以后在两周内再紧固一次。

(2) 正常操作方法

① 操作电流的控制操作

a. 三相电极的操作电流控制通过升降三相电极位置高低来实现。降电极则增大操作电流，升电极则减小操作电流。

b. 电极电流的控制方式分手动控制方式和自动控制方式。

c. 手动控制方式：将电极升降转换开关设为手动，点击电极上升按钮，则电极上升，这时电极把持器位置数值变大，相应地电极操作电流减小；如点击电极下降按钮，则电极下降，这时电极把持器位置数值变小，相应地电极操作电流增大。

d. 自动方式：将电极升降三维转换开关设为自动。并在设定值框中输入设定值。由DCS控制系统按设定的电流控制值自动升降电极，使电极操作电流在设定范围内运行。

e. 在现场控制箱控制电极升降操作。将电极升降系统本地/远程选择开关调到本地，用电极升降上/下开关移动电极升降。

f. 当发生电极控制故障，或电极升降系统检修试运行，可以采用现场控制方式。将电极升降三维转换开关设为现场，即可以在现场操作控制电极的升降。

g. 某一相电极电流发生变化时，对另一相电极的电流有一定的正影响。

h. 操作者可以根据原料状况、炉况、电压级数、电极工作端长度等多个因素综合考虑，来合理控制操作电流，以电石生产高产低耗，实现最佳经济运行指标为目标，保持电石炉在最佳负荷运行。

i. 操作电流应控制在合理范围内，不能过大或过小，操作电流过大或过小对电石炉的正常生产均有负面的影响。

② 电压挡位的控制操作

a. 变压器的二次侧电压挡位的调整，通过变压器有载调压开关的调整来实现。

b. 选择单台变压器，点击挡位升，则变压器电压挡位数值变小，相应地其二次侧电压增大。点击挡位降，则变压器电压挡位数值变小，相应地其二次侧电压减小。选择三台变压器，点击挡位升，则三台变压器电压挡位数值均变大，相应地其二次侧电压均增大。点击挡位降，则三台变压器电压挡位数值均变小，相应地其二次侧电压均减小。

c. 操作者可以根据原料状况、炉况、电极工作端长度、一次电压等多个因素综合考虑，选用合理的变压器二次侧电压挡位，保持电石炉在最佳负荷运行。

d. 电石炉视在功率不得超过变压器最大允许视在功率。变压器最大允许视在功率为 36.0MVA。

③ 电极长度的测量及控制

a. 电石炉正常生产时，为维持合适的电极工作端长度，每班应测量电极长度一次。

b. 测量电极长度应在出炉完毕以后进行。测量前可略降电石炉电压挡位，将炉气切回粗气烟囱放空，将粗气烟囱蝶阀全开。确认电石炉炉压为负压状态，炉气负压在－20Pa以上。

c. 记录电极把持器高度。从侧面打开电极测量孔，确认测量孔中无火焰喷出时，用圆钢插入，凭感觉插到电极端头部位。测量并记录圆钢与水平线的夹角，对照夹角与长度关系表，得出其长度，并加电极把持器高度，即可算出电极工作长度。

d. 电极工作端长度应严格控制在合理范围内，过长或过短对电石炉的正常生产均有较大的负面影响。

e. 当电极工作端长度过短，难以维持正常生产时，可以一次性压放一定长度的电极，以Y型或△型电压较低电压挡位送电，采用二相带一相焙烧的方式或三相同时焙烧的方式进行。焙烧电极时必须严格控制电石炉负荷。

f. 测量电极时必须遵守安全规定，测量人员应站在测量孔侧面，不得身体正对测量孔，防止火焰喷出灼伤。

④ 电极压放操作

a. 为保证电极工作端长度，每班必须保证电极有足够的压放长度。电极班压放长度应做到与电极消耗长度达到平衡。

b. 根据每班电极测量长度，并依据电石炉运行负荷，预估电极消耗长度，制定电极压放总长度，以保持电极工作端长度在控制指标范围内。

c. 原则上电极压放按压放总长度在班工作时间内平均压放。在实际压放中应结合电极电流情况灵活掌握压放时间。

d. 为保证电极压放安全，避免电极压放事故的发生，应严格控制两次电极压放时间间隔在30min以上。

e. 电极压放的操作过程

(a) 手控压放电极操作：将手动/定时选择开关转到手动，按开始按钮，这时程序开关启动，装置逐个松开、提高、夹紧。当所有7个装置都在高位时，会自动压放电极回到低位。

(b) 定时压放电极操作：将选择开关转到定时，并给定定时器每次放电极之间的时间间隔后，电极在到达设定的时间内自动（与手动控制相同的方式）放下电极。

(c) 电极压放现场操作

(c.1) 选择要压放电极的控制箱，并在电极筒上做好尺寸标记。

(c.2) 将选择其现场/远程操作开关调至现场位置。

(c.3) 将选择压放油缸夹 1-7 开关调至 1，并按上/下的按钮向上，这时 1 号夹紧装置松开筋板并移动到上部位置，并夹紧。

(c.4) 重复 (c.3) 选择 2-7 位置。

(c.5) 将开关调到压放位置。

(c.6) 推上/下开关按钮的向下按钮，夹紧装置将移动到低位。

(c.7) 当完成电极压放工作后，将选择器开关调到 0 位置或遥控位置。

f. 电极在压放过程中，由于电极烧结异常、电极壳变形、液压系统油压不足等因素，会造成电极实际压放量不足，所以必须定期检查电极实际压放量是否相符。

g. 当发生电极压放困难时，应及时停电拆开电极护屏检查电极有无卷铁皮等异常情况，不得强压造成底环压脱。

⑤ 炉压的控制

a. 在电石生成反应进行的过程中，炉料中的水分、挥发分及反应生成的一氧化碳炉气不断排出，造成电石炉内压力升高。炉内气体通过粗气烟囱或净化系统排出，炉内压力下降。炉内压力由粗气烟囱蝶阀或净化系统净气风机变频器调节控制。

b. 为避免炉外空气进入电石炉内，使一氧化碳燃烧造成炉气温度升高，或空气进入净化系统，造成炉气净化系统的事故隐患，电石炉炉压宜控制微正压运行。

c. 电石炉炉压必须严格控制，正常生产时不得负压操作。同时不得控制正压过高，以防火焰喷出造成电石炉设备烧损或发生人员烧伤事故。

d. 电石炉内经常发生塌料现象，塌料时炉压会急剧升高。所以在电石炉操作时必须集中注意力，随时调节炉压。

e. 在电极测量时，为保证测量安全，应控制较大的负压。控制负压操作前应将炉气切换回粗气烟囱排放。

f. 电石炉压的控制过程

(a) 炉压控制有自动、手动两种控制方式。电石炉生产正常时，炉压控制应采用自动控制方式。

(b) 在电石炉DCS操作站电极站操作界面上，将炉压控制置于自动状态。根据设定的炉压值，由程序自动控制炉压。

(c) 在电石炉DCS电极站操作界面上，点击转换开关，将炉压控制置于手动状态。点击蝶阀开度增大，炉压下降；点击蝶阀开度减小，炉压上升。

(d) 当炉内发生塌料，炉压急剧升高时，可开关至全开位置，此时蝶阀处于全开位置，炉压可迅速下降。待炉压下降至正常值后，应及时调整至关位置。

⑥ 炉温的控制

a. 电石炉的炉气温度必须严格控制在规定的范围内。炉气温度的异常升高，往往与电石炉炉况的恶化有关。

b. 当电极位置高、电极工作端短、料面红料多、料内有空洞、翻液体电石、炉内通水设备漏水等异常状况，会发生炉气温度的异常升高。尤其是炉内漏水为电石炉严重的安全隐患。

c. 当炉气温度异常升高超过800℃时，应立即停电，仔细检查炉况，排除异常原因后方可重新送电生产。

⑦ 炉气组分的控制

a. 随电石生成反应的进行，含一氧化碳炉气不断生成逸出。炉气中主要成分为一氧化碳、氮气、二氧化碳、氢气、氧气、甲烷，以及微量的硫化氢、硫氧碳、氮氧化物气体。

b. 除原料中带入的微量氢气外，炉内水分与碳反应，生成一氧化碳和氢气。当炉内发生漏水或原料中水分含量过高时，炉气中氢含量会发生异常升高。

c. 电石炉采用负压操作时，因炉盖密封情况不好，会有空气进入电石炉内，造成炉气中氧含量过高。所以要求电石炉炉压控制在微正压。

d. 当净化系统运行中，若炉气中氧含量大于1%或氢含量大于18%时，净化系统将自动关闭，烟气自动切回粗气烟囱排放。

⑧ 停、送电操作

a. 短期停炉

(a) 停炉操作过程：与调度联系，取得同意后，在电石炉 DCS 电极站操作界面上，点击电炉变操作按钮，在弹出的电炉合闸条件操作框点击分闸按钮，电石炉即停电。电石炉停电后，应将电石炉停送电开关锁定，拔掉钥匙。

(b) 若是计划停炉，特别是因接触元件部位刺火、漏水停炉，则在停炉前几个班注意控制电极工作端长度，不宜太长。

(c) 停电前将电压级数调到最小，然后再停电。

(d) 停电前，烧好炉眼，尽量排空液体电石，若停炉时间较长，则出炉口应进行保温。

(e) 停电后，迅速下落电极，直到落不下为止。

(f) 停电后测三相电极长度，并做好记录。

(g) 按检修要求，料管上下两端闸死。

(h) 打开检查门，检查炉内有无漏水或其他异常情况。

(i) 停电时间超过 4h，则每隔 4h 要动作电极一次，防止电极被冻结。

b. 长期停炉

(a) 控制料仓供料，尽可能在停炉前将料管内料用到较低料位，防止混合料风化后将料管堵塞。

(b) 打开观察门，适当崩炉，添加适量副灰，尽可能将炉内电石出净。

(c) 将电压档级倒至最低一级后停电。将三相电极落到下极限，压放 250mm 电极，电极根部加适量兰炭，用料围好，关闭观察门。

(d) 检查各冷却水温情况，待冷却水温明显下降时关小直至关闭各冷却水。

c. 开炉操作

(a) 新开炉送电前应进行下列检查工作：

(a.1) 所有绝缘点检查合格。

(a.2) 水冷系统检查、试压、试漏工作完成，水冷系统无泄漏、无堵塞，水冷胶管接触高温部位已经缠绕石棉绳、布。

(a.3) 机械设备经单试、联试正常。

(a.4) 电气系统调试正常，处于备用状态。

(a.5) 所有仪表灵敏、指示正确。

(a.6) 油压系统经试车正常，油路畅通、无泄漏。

(a.7) 检查电极送风机运转是否正常。

(a.8) 检查电极加热元件的工作状态。

(a.9) 检查设备的水压、气压是否正确。作业场所清理干净，道路及上、下楼梯保持通畅无阻。

(a.10) 原料及操作工、器具准备齐全。

(a.11) 消防灭火器材齐全备用。

(b) 送电操作

(b.1) 送电前将炉变调至最低档，并将电极调节方式改为手动操作。

(b.2) 通知在场一切非操作人员离开操作区，各岗位操作人员进入安全区域，监视设备送电运行情况。

(b.3) 以最低电压级数送电。

(b.4) 视电极质量情况，增加电流。

(b.5) 视电流上升情况，安排出炉时间。

(c) 停电后重新开炉

(c.1) 送电前准备工作检查无误后，填写送电操作表，并交由班长签名，与变电部门联系送电。与调度联系，得到送电指令后，送电。

(c.2) 电石炉的送电负荷应按停电时间长短及电极压放情况确定。

(c.3) 停电时间在48h以内，采用△型送电，48h以上，则采用Y型送电，但若电极质量不好，表面有裂缝，或电极经冷却后发黑，则需视情决定，逐步提高负荷。

(c.4) 不同停电时间的电炉负荷提升：电石炉停电时间不超过48h，电极保护良好，未压放电极的，采用△型最低挡电压送电。负荷提升按表1-8进行。

表 1-8 不同停电时间电炉负荷提升方法

停电时间	操作电流控制	提升至满负荷的时间
0～3h	尽快提升至停电前操作电流的 75%	停电时间的一半
3～8h	25～30kA	停电时间的一半
＞8h	25～30kA	以 5kA/h 的速率提升

（c. 5）如有电极压放，则按电极不同的压放量来确定电石炉的送电负荷。一般压放量小于 350mm 可以△型送电，4h 至 8h 左右时间恢复到原功率。如电极压放量大于 350mm，则以 Y 型送电，16h 至 30h 时间恢复到原功率。原则上压放量越大，恢复功率时间越长。送电初始提升负荷慢，后期可稍加快负荷提升速度。

（c. 6）闭炉运行后 10min，烟道气体可用点火设备点燃。

（c. 7）当炉子达到其工作负载时，电极调节方式可转为自动调节。

d. 紧急停炉

（a）电石炉运行时，遇下列情况应紧急停电：

电石炉动力电突然停电时；

电石炉循环冷却水系统突然停水时；

电石炉发生电极软断、硬断事故时；

电石炉炉气温度突然急剧升高时；

短网、通水电缆接头、炉内铜管接头等导电部件有明显刺火发红等情况；

接触元件、底环、保护板等炉内通水部件冷却水管断水或大量冒蒸汽时；

炉内通水部件大量漏水时；

炉内大量翻液体电石时；

液压系统电极升降大立缸油管突然爆裂，造成电极升降系统突然失压时；

液压系统起火时；

液压系统电磁阀故障，造成电极自动大幅度上升或下降，手动操作失灵时；

变压器油泵突然失灵，备用泵不能启动时，以及变压器油温突然迅速上升时；

电石炉烟囱蝶阀不能正常开启，造成电石炉较大正压，炉面蹿火严重时。

(b) 当发生紧急情况时，按下操作台上紧急停电按钮，电石炉即停电。停电后将电石炉送电开关锁定，拔下钥匙。

(c) 如果能够出炉的话，应立即打开炉眼出炉，尽量排空炉内液体电石。

(d) 如果还能供应循环冷却水，应继续供应循环冷却水，不得过早停供循环冷却水，避免炉内设备过热损坏。

(e) 如果三相电极能够升降运动，则将三相电极落到底并压放250mm电极，做好电极保护工作。

(f) 按故障情况采取相应处理措施。

(g) 如遇压缩空气系统故障突然停供压缩空气，如压缩空气停供时间较长，电石炉需要停电；如停供时间较短，可采用人工方式操控环形加料机刮板加料，继续生产。

⑨ 出炉操作

a. 电炉内反应连续进行，生成的电石不断在炉内聚积，要定时安排出炉，出炉的间隔时间因炉子使用功率而定。一般情况下，出炉间隔时间为48～60min。

b. 在规定出炉时间内，用ϕ25mm圆钢捅开泥球，再借烧穿器与炉眼连接通电后电弧产生的高温，熔化炉眼口泥球，使液体电石流出。

c. 出炉量应根据投料量及用电量平衡来掌握。出炉量过多或过少，对电石炉的正常生产均有负面影响。

d. 出炉量过小，会使熔池内液体电石积聚，引起电极不下，炉况恶化。

e. 出炉量过大，使熔池内失去载热体，引起熔池内温度下降，电石产、质量下降。

f. 由于电石黏度大，流动性差，加上偶有生料堵住，在出炉过程中应加强钢筋疏通，加快液体电石的排出流速，缩短流料时间，减少温度损失。必要时可以吹氧气，以提高炉内温度，加快液体电石的流动。

g. 清理炉眼内电石（铲眼）后用小块冷电石重新铺底，以降低炉眼温度和便于第二次铲眼，排出的热电石，送到冷却房冷却。

h. 炉眼转眼后，应及时用烧穿器烧眼，作为备用。同时关小冷却水流量。

i. 新开炉时，假炉门内圆木烧到炉眼口外面时，就可出第一炉，以后两炉眼交替出炉。

j. 短期停炉时，炉眼保温操作：用 20～40mm 兰炭填充炉眼，外口用砖、黄泥封死。送电后，把保温物扒开，提前用烧穿器烧眼，以提高炉眼温度。

⑩ 加电极糊操作

a. 根据接班测量糊柱高、电极工作端长度及当班电极消耗量的估计，确定电极糊投加数量。

b. 把合格电极糊加入电极糊吊斗，用电动葫芦吊至四楼电极筒上方，松开电动葫芦钢丝绳，吊斗下吊钟自动下落，电极糊加入电极筒内。投糊后，应检查四楼及电极压放平台电极周围有无掉落电极糊块。

c. 测量糊柱高度，要求合乎工艺指标向下班交班。

d. 发现糊柱高度较长时间保持不变、电极筒上口冒烟、糊面融化、电极糊块超标等异常情况，应及时向组长或车间汇报。

⑪ 净化岗位

a. 系统开车前检查

(a) 所有传动设备经过试车合格；

(b) 检查过滤器密封情况合格；

(c) 压缩空气、氮气、冷却水系统供应正常；压力在控制指标范围内；

(d) 检查设备润滑油位正常；

(e) 所有仪表、仪器正常好用；

(f) 所有阀门阀位处于正常位置。粗气通水蝶阀处于关闭位置；

(g) 电石炉炉况正常。

b. 系统置换

(a) 打开粗气通水蝶阀后的氮气进口阀，打开高温风机排污阀，打开净气排放烟囱蝶阀。

(b) 观察净气组成分析仪，待氧含量下降至小于1%，接近“0”时，关闭净气排放烟囱蝶阀和高温风机排污阀。关小氮气进口阀，保持系统微正压。

(c) 打开两只刮板机氮气进口阀，打开氮气出口阀，5～10min后，关小氮气进口阀，关闭氮气出口阀，保持刮板机微正压。

(d) 打开总灰库氮气进口阀，注入氮气，5～10min后，关小氮气进口阀，保持微正压。

c. 系统开车及正常操作

(a) 电石炉运行电压降至最低挡位，打开距离烟囱口最远的炉盖观察门。

(b) 启动冷却风机。并将变频器自动控制设置为出口烟气温度280～300℃。

(c) 开启净气放散烟囱蝶阀。

(d) 手动启动高温净气风机。调整变频器频率至30以下。

(e) 手动打开粗气通水蝶阀。手动缓慢关闭放散烟囱通水蝶阀。

(f) 检查净化系统设备运行状况正常。

(g) 关闭电石炉观察门。缓慢提升电石炉运行负荷至正常。

(h) 将高温风机变频器自动控制设置为炉压0～10Pa。将电石炉烟气放散烟囱蝶阀设为自动控制。(为避免该阀频繁调节，造成系统压力波动，也可将该阀设为手动操作。)

(i) 关小炉气管、刮板机、总灰库的氮气保护，不得关死氮气阀门，保持微量氮气保护。

(j) 观察净炉气组分分析仪，一氧化碳含量上升至40%左右时，点燃净气排放烟囱。并观察净气排放烟囱火焰颜色是否正常。正常时火焰应呈现淡蓝色。

(k) 净化系统运行正常后，视情将净炉气送往炉气后处理系统。

d. 卸、排灰操作

(a) 顺序启动1号刮板机、2号刮板机以及旋风冷却器、机力风冷器、过滤器的星形卸灰阀，将旋风冷却器、机力风冷器、过滤器内的灰粉卸入总灰库。

(b) 系统投运初期时，应加强系统手动卸灰。如因灰温较低灰不易卸下，则应采用氮气反吹的方式进行松灰，加速卸灰，避免灰粉在过滤器内积聚。

(c) 待系统运行正常后，将卸灰控制设定为自动。

(d) 密切注意总灰库的料位高度，及时通知车辆外运。

e. 系统停车操作

(a) 当净化系统需要停车时，应先报告调度并通知前后工序，有影响的工序做好准备后，才能进行停车操作。

(b) 切断炉气送往后处理工序的切断阀。打开净气排放烟囱放空。

(c) 缓慢调节高温风机变频器，减小风机转速。将炉压控制权移交电石炉中控岗位。中控岗位缓慢打开电石炉放散烟囱通水蝶阀，同时缓慢关闭粗气烟道通水蝶阀，到全关位置。采用手动或自动调节烟气放散通水蝶阀开度来控制电石炉炉气压力。

(d) 关闭净气排放烟囱放空蝶阀；停止高温风机运行。

(e) 停止冷却风机运行

将反吹设置压差设为“0”，保持反吹系统、卸灰系统持续自动运行。

待反吹持续4、5个周期以后，停止反吹系统运行。

待旋风冷却器、机力风冷器、过滤器灰斗内灰粉卸完后，停止卸灰系统运行。

f. 净化系统的紧急停车操作　当发生以下情况时，净化系统应紧急停车：

(a) 电石炉炉气温度急剧升高，炉气量急剧增加；

(b) 系统氢气、氧气含量突然增加；

(c) 粗气烟囱、炉气水冷管及冷却系统严重漏水或断水；

(d) 循环冷却水压力低于0.2MPa；

(e) 氮气供给系统故障，停供或压力低于0.4MPa；

(f) 压缩空气系统故障，停供或压力低于0.6MPa；

(g) 意外事故如发生爆炸、灼烧、中毒、触电等人身事故需停电抢救；

(h) 控制仪器、仪表失灵需停电检修；

(i) 过滤器和除尘器过滤管严重烧损和穿孔；

(j) 有关主要设备发生事故危及影响净化系统运行；

(k) 计算机运行机制发生严重故障需停机修理；

(l) 供电设备或线路短路、产生火花必须立即停电抢修。

紧急停车的操作：

(a) 迅速切断炉气送往后处理工序的切断阀；

(b) 停止高温风机运行；

(c) 打开电石炉放散烟囱通水蝶阀，将炉压控制权移交电石炉中控岗位；关闭粗气烟道通水蝶阀；

(d) 微开系统氮气吹扫阀，保持系统压力；

(e) 报告调度，并通知前后相关工序。

第九节 异常情况处理

电石生产及原料准备各工序生产中常见的异常情况分析如下。

1. 烘干窑尾部温度过低

原因：(1) 烘干窑内焦炭加入量过大，物料吸收热量过多，导致尾部温度偏低；

(2) 炭材堆放不合理，造成焦炭淋水或遭水淹，致入窑焦炭水分含量偏高。烘干窑内水分蒸发量大，吸收热量过多，导致烘干窑尾部温度偏低；

(3) 沸腾炉燃料投入量不足、鼓风量过大、二次冷风阀调节不当等原因使烘干窑进口温度偏低，造成烘干窑尾部温度相应降低；

(4) 引风管堵塞，引风阻力大，进入烘干窑的热烟气量减小，导致烘干窑尾部温度偏低。

处理：(1) 适当减少焦炭投入量；

(2) 加强对炭材的管理，避免炭材堆放遭受雨淋或水淹。当出现进厂炭材水分偏高时，可适当减少炭材的加入量；

（3）适当加大沸腾炉燃料投入量，合理控制鼓风量和二次冷风阀开度，提高烘干窑进口温度；

（4）清理、疏通引风管，降低引风系统的阻力，增加烘干窑的进风量。

2. 出烘干窑干焦水分含量高

原因：（1）烘干窑湿焦炭加入量过大，与沸腾炉热烟气量及进口温度、出口温度等参数不匹配，或超出了烘干窑的处理能力；

（2）入窑焦炭水分含量高，超出了烘干窑额定水分蒸发能力；

（3）烘干窑进口温度偏低，使烘干窑水分蒸发能力不足；

（4）引风烟道堵塞，阻力增大，烘干窑内热烟气量减小，使水分蒸发能力不足。

处理：（1）控制焦炭投入量在烘干窑额定处理能力之内；

（2）加强对炭材的管理，避免炭材堆放时遭受雨淋或水淹。适当减少湿炭加入量；

（3）增加沸腾炉燃料投入量或控制二次冷风阀开度，提高烘干窑进口温度，以提高烘干窑水分蒸发能力；

（4）清理、疏通引风烟道，增加引风量，提高烘干窑水分蒸发能力。

3. 沸腾炉炉膛低温结焦

原因：在点火过程中炉温在600℃以下时，床层布气不均匀，部分区域由于空气形成沟流，床层尚未流化，炉床热量分布不均，造成局部积热，局部温度过高。

处理：及时用耙子疏通，将渣块清除干净。更换堵塞、损坏风帽，力求床层垫料沸腾状况均匀，避免局部滞流，形成积热。

4. 沸腾炉炉膛高温结焦

原因：沸腾炉燃料量投入过多，鼓风量大，沸腾炉炉膛温度过高，燃料表面杂质熔融结块，影响炉料的沸腾燃烧。

处理：迅速投入黄沙降低温度，减少燃料投入量和减少鼓风量，并停炉清除焦块。

5. 湿焦下料管堵塞

原因：（1）炭材在进厂时易夹带石块、砖块、木片、竹片、包装物残片等，输送、筛分设备上也有易脱落的铁件等，这些东西如果未清理干净，进入湿焦料仓，并进入湿焦料管，易发生料管堵塞；

（2）湿炭材水分高、焦末多，易发生黏结，堵塞料管。

处理：（1）停烘干窑，疏通湿焦下料管，清除堵塞杂物；

（2）加强对炭材的管理，避免炭材堆放时遭受雨淋或水淹。

6. 床层垫料分布不均匀

原因：（1）部分风帽破损或堵塞，使鼓风机通过风帽鼓入床层的风压不均匀，风帽破损的地方阻力小，风压大，垫料易冲开；风帽堵塞的地方，风压小或无风，垫料沸腾不起来；

（2）垫料中有渣块、砖块、石块、铁块等杂物，鼓风时不易吹扬起来，垫料不能达到沸腾状态。

处理：（1）检查并清理、疏通、更换风帽。重新进行垫料沸腾试验，达到垫料表面均匀、平整为止；

（2）清除垫料中的杂物或重新更换干净的垫料，重新进行垫料沸腾试验。

7. 回转烘干窑窑体上窜或下窜

原因：托轮磨损、移位造成回转烘干窑窑体发生上窜或下窜。

处理：检修处理。

8. 烘干窑内有异声

原因：（1）烘干窑内发生内构件如扬料板、导向板、减碎支架等脱落，有些内衬耐火材料的烘干窑发生耐火材料脱落，在烘干窑内翻落滚动，发出异响；

（2）湿炭材进料时夹带大块的杂物，在烘干窑内发出异响。

处理：停炉降温，进行检查，必要时进行检修。

9. 兰炭自燃

原因：（1）兰炭在烘干窑中停留时间过长，干炭水分含量低，由于着火比较低，遇高温烟气着火；

（2）兰炭中粉末含量高，相对较易着火；

（3）储存时间长，兰炭与空气接触较长时间后，表面自然氧化，热量散发不出去，热量积聚形成高温点引发着火；

（4）烘干窑内烟气温度较高，一些兰炭细屑在烘干窑内着火，并在兰同灰出烘干窑时夹带出窑，在输送线上或进入干炭贮仓时引发着火。

处理：(1) 如果在输送时发生兰炭自燃，可人工清理至空地，喷水灭火；

(2) 如果在贮仓内发生兰炭自燃，可从仓顶喷淋水，或喷入氮气（蒸汽）灭火。并将贮仓内兰炭全部卸至空地；

(3) 按电石生产需求控制烘干生产，避免干炭储存时间过长。

10. 引风机轴承温度高

原因：(1) 轴承疲劳磨损，出现脱皮、麻坑、间隙增大等，引起轴承温度升高；

(2) 冷却水水量不足或断水，轴承冷却效果不好；

(3) 润滑油少，轴承润滑不良，出现干磨现象，引起轴承温度升高；

(4) 轴承箱轴套密封圈损坏，轴套与密封圈发生摩擦，产生热量，使轴承温度升高；

(5) 烘干窑尾气温度高，引风机处于较高工作温度下工作，引起轴承温度升高。

处理：(1) 检修，更换轴承；

(2) 加强巡检，保证足量冷却水供应；

(3) 加强日常设备维护，按时添加润滑油；

(4) 加强操作控制，降低烘干窑尾气温度。

11. 石灰生过烧率高

原因：(1) 进厂石灰石粒度偏差大；

(2) 投窑原料中碎石、粉末量较多；

(3) 操作控制不好，窑内温度波动大；

(4) 石灰窑内发生窑壁结瘤，窑内热气流不均匀；

(5) 较长时间停窑、停风。

处理：(1) 严格控制进厂石灰石粒度，或增设破碎设备；

(2) 筛除碎石、粉末；

(3) 稳定炉气热值、压力以及空气的配合，严格工艺要求控制生产指标；

(4) 结瘤严重的，应停窑检修，清除瘤块；

(5) 减少设备故障，稳定生产。

12. 料面倾斜

原因：(1) 布料器故障，旋转不到位；

(2) 出灰机械故障，两边出料速度不一致；

(3) 窑内一侧出现结瘤。

处理：(1) 停窑检修，调整布料器；

(2) 检修、调整出灰机械动作频率和行程一致；

(3) 必要时停窑，清除结瘤。

13. 风机振动过大

原因：(1) 土建工程未按规范施工，风机基础不牢固，风机运行时基础产生松动；

(2) 风机主轴发生变形；

(3) 风机出口阀门开得太小，风机运行时气流速度过大，产生振动；

(4) 风机机壳变形，叶轮与机壳有碰撞现象；

(5) 电动机主轴与风机主轴不同心，风机运行时产生振动；

(6) 叶轮安装不好或叶轮附着较多的粉尘，失去平衡，运行时产生振动；

(7) 地脚螺栓松动，风机运行时机壳振动；

(8) 电动机振动大；

(9) 管路未固定好，或管道直径偏小，气流速度过大，引起管道振动，带动风机振动。

处理：(1) 加固风机基础，避免风机运行时基础松动；

(2) 检修或更换风机主轴；

(3) 调节风机出口阀门至合适大小；

(4) 检修风机，消除风机叶轮与机壳碰撞现象；

(5) 调节电机主轴与风机主轴的同心度；

(6) 调整叶轮或清理叶轮积灰后重做转子平衡；

(7) 紧固风机地脚螺栓，避免风机运行时发生振动；

(8) 更换电动机；

(9) 紧固管道或更换管道至合适规格。

14. 风机风压、风量不足

原因：(1) 供电电压不足，风机转速低；

(2) 风管设计不合理，管道损失大；

(3) 风机机壳破损漏风或密封不良，风机内损失大；

(4) 调节不当，或进气阻力大，进气量过小；

(5) 海拔过高，气压低，气体密度小于额定值。

处理：(1) 调节供电电压；

(2) 改造管道，减少弯头、堵塞漏洞；

(3) 更换密封；

(4) 适度调节阀门、改造供气系统；

(5) 重新选型，更换风机。

15. 投炉石灰、兰炭混合不匀

原因：石灰、兰炭称量斗卸料皮带未调整好，石灰和兰炭各自卸料速度不匹配，两者在长皮带上未完全覆盖、混合，出现石灰、兰炭各自分聚现象。

处理：调节石灰、兰炭卸料可逆皮带机运行速度，应做到石灰、兰炭在长皮带上完全覆盖、混合。

16. 料仓卸料口不下料

原因：(1) 停电时间较长，焦仓返潮积料，在仓壁堵塞；

(2) 杂物掉入料仓，堵死卸料口；

(3) 电振机出现故障，不下料。

处理：(1) 敲打料仓下部，使料震落；

(2) 割开料仓下部，取出杂物；

(3) 检查并通知钳工，电工处理。

17. 皮带易跑偏

原因：(1) 安装时机架不正；

(2) 给料不在正中，放料位置偏移中心；

(3) 托辊不正，致使皮带走偏；

(4) 皮带变形，两侧松紧不一；

(5) 丝杆调节不到位，两则拉紧度调整不一致。

处理：(1) 重新校正机架处理；

(2) 调整给料口，将下料口位置对准皮带正中，避免皮带一边受力；

(3) 调整托辊；

(4) 更换皮带；

(5) 调节丝杆，将皮带两侧拉紧度调整一致。

18. 环形料仓满料或空料

原因：(1) 料位仪故障，求料信号不准确，造成加料过多或不加料；

(2) 刮板伸缩不到位，或刮板丝杆不合适；

(3) 操作失误，人工配加料方式下，多加料或少加料。

处理：(1) 及时报告仪表检修，排除料位仪故障；

(2) 调整刮板位置或丝杆；

(3) 注意力集中，正确加料；

(4) 巡检时加强检查料仓料位。

19. 环形加料机运行不稳

原因：(1) 环形加料机制作时变形或安装未调平，三只托轮承重不一致；

(2) 环形耐磨板安装圆心未对正，运转时，环形耐磨板向一侧甩；

(3) 某一台电机损坏或不同步；

(4) 挡轮损坏，运转时环形耐磨板向外侧倾斜。

处理：(1) 消除环形加料机变形，重新对环形加料机进行调平，使三只托轮承重一致；

(2) 调整环形耐磨板安装圆心；

(3) 检修或更换电机，排除电机故障；

(4) 检修、更换挡轮。

20. 环形加料机一氧化碳浓度超标

原因：(1) 人工加料方式时未及时加料，环形料仓料位低，料管料封不够，炉气通过料管上升至环形加料机，一氧化碳逸散至空间，造成空间一氧化碳浓度超标；

（2）自动加料方式时，料位计失灵，未及时启动加料程序，造成环形料仓料位低；

（3）环形加料机刮板故障，刮板退回不到位，造成后序料仓加料时减少加料量，未及时发现故障，造成料仓料位低。

处理：（1）做好环形加料机的巡回检查、监护工作，料仓低料位情况必须及时发现、及时补料；

（2）不允许出现料仓空料，若出现这种情况则应紧急停电；

（3）料位计发生故障时应及时检修；

（4）发现环形加料机刮板故障时，应及时组织检修，排除故障。

21. 电极软断

原因：（1）电极糊挥发分含量偏高或电阻率偏高，电极焙烧速度慢，跟不上电极消耗速度；

（2）接触元件与电极壳筋片接触不良，刺火引发软断；

（3）电极壳接续时焊缝焊接质量差，焊缝撕开，造成电极软断；

（4）电极压放间隔时间短或压放量过大；

（5）投加时，电极糊块度大，电极糊在电极筒内架桥，造成中空，影响了电极的烧结速度。

处理：（1）紧急停电；

（2）将粗气烟囱阀门全开，切断烟气去净化烟道蝶阀，烟气排空；

（3）炉膛压力显示为负压后，打开炉盖安全阀。确认安全后，再打开检查门检查；

（4）清除流出电极糊和受电极糊污染的炉料；

（5）更换电极周围损坏部件；

（6）如果电极端头全部断落，需要重新制作焊接上电极端头。下落电极，用料埋好，Y 型低负荷送电焙烧电极；

（7）分析事故原因，提出预防措施。

22. 电极硬断

原因：（1）电极糊挥发分含量过少，电极烧结速度快，电极焙烧过干，有裂缝出现，易折断；

（2）电极消耗速度慢，电极工作端过长，自身重量大；

(3) 电极工作端长，遇到严重塌料时电极侧向受较大推力，发生硬断；

(4) 停电时间长，热胀冷缩，电极产生裂纹。且送电后，提升负荷过快；

(5) 停电时间长，电极风化严重，强度下降；

(6) 停电时间长，电极筒口未加盖保护，灰进筒体，出现隔层，产生硬断；

(7) 电极糊柱高度指标控制不合适，电极烧结质量不密实，强度不好。

处理：(1) 断落电极短（小于600mm）可直接压下，压放并埋好电极，Y型送电焙烧；

(2) 断落电极较长，则需拔出断头或用炸药炸碎拿出，压放并埋好电极，Y型送电焙烧；

(3) 分析原因，提出预防措施；

(4) 停电时间长，电极筒上部应加盖。

23. 接触元件漏水

原因：(1) 电极筒筋片不光滑，接触元件与筋片接触不良，导致刺火漏水；

(2) 电极壳或筋片烧坏、变形，接触元件与筋片接触不良，导致刺火漏水；

(3) 电极壳鼓包，挤压接触元件脱离筋板，发生刺火漏水；

(4) 电极壳弧板压制不精确，筋片厚度不符合要求，接触元件夹不住筋片，脱开导致刺火漏水；

(5) 接触元件水路密封件损坏导致漏水；

(6) 电极壳筋片缝焊强度不够，电极糊流出并挤脱接触元件发生刺火漏水；

(7) 电极皱皮引发接触元件刺火漏水；

(8) 电极壳接续焊接质量不良，焊缝处电极糊渗漏结焦，造成接触元件刺火漏水。

处理：(1) 电极解体，更换接触件或其他损坏部件；

(2) 加强制电极壳工作质量；

(3) 检查接触元件顶紧力，更换密封件；

(4) 检修电极时，做好电极绝缘、密封工作；

(5) 控制好电极烧结速度与消耗速度的平衡，避免电极过焙烧现象。

24. 炉气氢含量增高

原因：(1) 炉内设备漏水；

(2) 投炉兰炭水分未烘干。

处理：(1) 立即停炉检查；

(2) 如果是炉内设备发生漏水，应立即进行检修，排除故障；

(3) 严格控制投炉兰炭水分指标，严禁水分指标超标。

25. 底环漏水

原因：(1) 电极因过焙烧，使电极壳皱皮、堆积，强行压放电极时挤坏底环或底环接头导致漏水；

(2) 水管接头脱焊，管接头滑牙或松动，以及水管破损，引发漏水；

(3) 电极短，高温烧坏底环，引发漏水；

(4) 接触元件绝缘破坏，引发刺火漏水。

处理：(1) 电极解体，更换或修补底环，割除皱皮；

(2) 水管接头紧固或补焊，更换接头；

(3) 改良炉况，控制炉温，杜绝翻液体；

(4) 做好电极各部件间的绝缘。

26. 电极皱皮

原因：(1) 炉膛温度高，底环以上部分电极壳烧损，发生卷曲、堆积；

(2) 电极工作端短，弧光打在料面上面，底环以上部分电极壳烧损，发生卷曲；

(3) 长期大电流操作，电极存在过焙烧现象，电极壳与电极分离，变形、鼓包，遇底环挤压时电极壳破损，卷曲皱皮；

(4) 电极柱内气体压力高，电极鼓包起泡；

(5) 电极壳钢板强度不合格，电极起泡；

(6) 电极糊块度大电极壳与电极接触不良。

处理：（1）停电、电极解体，割除皱皮，更换损坏件；

（2）做好电极密封；

（3）电极压放困难时，不能强行压放，应及时检查分析原因；

（4）减小电极糊块度。

27. 二次电流值偏高

原因：（1）电极下得太深，工作端太长；

（2）炉内液体电石未能及时排出，或排出不净；

（3）兰炭、石灰粒度大，炉面红料堆积多，炉料电阻小；

（4）炉内料面硬壳结得太多太厚；

（5）加料嘴烧损，未及时更换，料面提高；

（6）炉料配比过高，炉料比电阻小。

处理：（1）控制电极总长度及电极工作端长度；

（2）根据电石炉工作负荷，定时定量排出液体电石；

（3）检查兰炭、石灰破碎机，及时调节或更换牙板；检查筛网是否有破损，并及时更换筛网；

（4）定期清除料面硬壳；

（5）及时更换烧损的加料嘴；

（6）检查计量设备，校验重量传感器零点是否有漂移现象，炉料称量是否精确，并及时调整配比。

28. 电极压放困难

原因：（1）电极壳皱皮或筋板变形、起疙瘩；

（2）电极夹紧缸压紧蝶簧太松，夹紧缸夹不住电极壳筋片，有打滑现象；

（3）液压系统不合理，压放缸动作不同步；

（4）液压系统压力不足。

处理：（1）电极解体，处理电极壳皱皮或电极壳筋片变形、不平的问题；

（2）调大压紧蝶簧夹紧力或更换摩擦元件；

（3）调整液压系统管道，保持各压放缸动作一致；

（4）调整液压系统液压油压力。

29. 炉气温度高

原因：(1) 炉心三角区料面塌陷，大量红料暴露，炉内高温气体逸出；

(2) 料面上翻液体电石；

(3) 电极工作端短，电弧直接打到料面，致命料面温度升高；

(4) 炉盖密封性差，在大负压生产时，外部空气渗漏入炉内，引起炉内一氧化碳炉气燃烧，炉内温度升高；

(5) 炉内通水部件漏水；

(6) 兰炭、石灰粒度过大，炉料电阻小，电极电流大，电极就能深入料内，炉面温度高；

(7) 炉料透气性不好，塌料频繁，熔池内高温气体逸出；

(8) 料管堵料，熔池口敞开，熔池内高温气体逸出；

(9) 加料嘴烧损，未及时更换，致命炉内料面堆积高、红料多，支路电流增大，电极难深入料内，料面温度升高。

处理：(1) 当发现炉气温度超过 700℃时，则应立即停电检查炉况。如发现炉心三角区塌陷，则应进行三角区人工推料；

(2) 加强出炉操作，务求三相熔池液体电石出净；

(3) 控制合理电极工作端长度，避免短电极操作；

(4) 停电、处理炉盖密封；控制合理的炉膛压力，避免大负压炉况运行；

(5) 停电、处理设备漏水；

(6) 调整破碎机间隙、如牙板磨损则应及时更换；检查筛网是否存在破损，如有破损，应及时检修、更换；

(7) 加强投炉原料的筛分，避免过多粉末投炉，增加炉料透气性，减少塌料次数；

(8) 疏通料管；

(9) 彻底处理红料，适当干烧；如发现加料嘴烧损，应及时检修、更换。

30. 电极下滑

原因：(1) 夹紧缸蝶簧压力调整不正确，夹紧力不足；

(2) 摩擦元件内衬磨损，摩擦力不足；

(3) 电极筋片上沾有润滑脂，摩擦元件易打滑；

(4) 电极糊柱过高，电极重量过大。

处理：(1) 重新调整夹紧缸蝶簧压力至合适；

(2) 更换摩擦元件内衬；

(3) 清除电极筋片上润滑脂；

(4) 控制电极糊柱高度。

31. 炉气压力高

原因：(1) 炉内塌料时熔池内气体瞬间喷出，炉膛压力升高；

(2) 炉内设备漏水，产生气体量增大，炉膛压力升高；

(3) 烟道壁有焦油析出，黏附粉尘，造成烟道堵塞，或烟道内有铁件等异物，造成堵塞；

(4) 烟道蝶阀故障，不能开启，或开启不到位，释放压力缓慢，造成炉膛压力升高。

处理：(1) 加强原料筛分，避免大量粉料入炉，减少塌料次数；

(2) 停炉检修设备；

(3) 疏通烟道；

(4) 检修蝶阀，放散蝶阀与净化粗气蝶阀联锁，不得同时关闭，且放散蝶阀未常开阀，净化粗气蝶阀为常闭阀。

32. 炉内发生大塌料

原因：(1) 炉料粉末含量多，致使炉料透气性差；

(2) 兰炭水分含量高，与石灰接触时间长，石灰吸水消化，炉料粉末量增加，引起炉料透气性差；

(3) 料面硬块较多，硬块阻碍炉气的逸出；

(4) 出炉操作不良，有翻液体电石现象，液体电石上翻，使炉料发生黏结，阻碍炉气透出；

(5) 电极工作端过长，熔池口缩小，影响炉气逸出；

(6) 电极工作端过短，电弧作用区上移，表层料面发生熔融现象，阻碍炉气逸出，同时料层结构不稳定。

处理：(1) 加强原料筛分，避免过多粉料入炉，增强炉料的透气性；

(2) 加强烘干工序生产控制，严格控制干炭的含水率指标，避免干炭水分过多与石灰反生消化反应；

（3）定期清理料面硬块，增加炉料透气性，同时切断支路电流；

（4）加强出炉操作控制，按电石炉实际生产负荷，定时定量出炉，避免熔池内液体电石积聚，减少翻液体电石现象；

（5）严格控制电极工作端长度指标，避免电极工作端长度过长或过短。

33. 炉内翻液体电石

原因：（1）新开炉时实际运行负荷不高，三相熔池不通，熔池温度较低，出炉困难，引起液体电石上涌；

（2）电石炉生产操作负荷不稳定，致使熔池缩小，熔池内液体电石易上涌；

（3）未严格根据实际生产负荷定时定量出炉，或因轨道、倒锅、行车等原因发生出炉延误，而电石炉运行负荷未及时作出相应调整。

处理：（1）新开炉时应及时提高运行负荷，使三相熔池畅通，同时应加强出炉操作；

（2）电石炉在实际运行中应稳定操作负荷，避免操作负荷忽大忽小；

（3）出炉延误时，必须及时调整运行负荷。平时应烧好炉眼备用，当一侧轨道发生故障影响出炉时，应及时转眼。

34. 料层内有空洞

原因：（1）新开炉时料层较为疏松，下部接近高温区原料烧失后，料层塌陷，因塌陷区域离加料口较远，不能在上部补料，所以在局部料层形成空洞；

（2）原料挥发分过高，高温馏分被石灰吸附，使炉料发黏，易结成硬块棚住料面，而在硬块下形成空洞；

（3）原料氧化镁含量高，高温下的镁蒸气上升至接近料面时被氧化，放出巨大的热量，使原料发生熔融，结成硬块，阻碍炉气的透出而形成一个气室，当气室下部料层烧失后形成空洞；

（4）粉末含量高或原料水分含量高，易使炉料黏结，阻碍炉气透出，形成空洞；

（5）炉面红料堆积多，料面发黏结块，或存在翻液体电石的现象，料面有熔融黏结，影响炉料透气性，形成空洞。

处理：(1) 停炉，进行捣炉处理。如果空洞在出炉电石通道上，捣炉作业时必须注意不要将电石流通通道堵塞；

(2) 严格控制原料质量，避免炭材挥发分含量过高和石灰氧化镁含量过高；

(3) 加强原料筛分，避免过多粉末原料投炉，增加炉料透气性；

(4) 加强烘干操作控制，严格控制干炭水分含量指标；

(5) 及时处理料面，避免炉内过多红料堆积，并加强出炉操作，按电石炉实际运行负荷，定时定量出炉，务求熔池内液体电石出净。

35. 加料柱频繁烧损

原因：(1) 加料柱材质不合格，材质不耐高温或加料柱制作质量不好，有裂纹、掉块现象，易烧损；

(2) 电极工作端过短，电弧冲出料面，高温直接接触加料柱，使加料柱烧损；

(3) 炉面红料多，料面结成硬块，或因翻液体电石，导致加料柱刺火烧损。

处理：(1) 加强加料柱采购质量控制，控制加料柱材质以及加工制作质量；

(2) 合理控制电极工作端长度，实现闭弧操作；

(3) 及时清理料面硬块和液体电石块。

36. 电极压放周期中断

原因：(1) 电极压放时油压软管破裂，液压系统失压；

(2) 液压系统控制回路突然断电；

(3) 电磁阀发生故障，阀芯卡阻，不能动作；

(4) 电脑自动压放程序故障，程序中断执行。

处理：(1) 停电，检修更换油压软管；

(2) 检修排除电气系统故障；

(3) 检修或更换电磁阀；

(4) 检查修复电脑故障。

37. 油泵有噪声

原因：(1) 工作温度太低，液压油黏度大，使油泵排出压力升高，以及使油泵吸入阻力增加，吸入压力下降；

（2）系统发生漏油，油箱油位极低，空气进入内，发生气蚀；

（3）进油不畅，油泵内进入空气；

（4）叶片磨损；

（5）液压油过滤系统故障，油质恶化，杂质多。

处理：（1）开启液压油箱加热器，提高介质温度，降低液压油黏度；

（2）检查液压系统，排除漏油，并及时将补油至油箱油位合格；

（3）检查，并排除进油管道是否发生堵塞，使油泵进油通畅；

（4）检修或更换油泵叶片；

（5）检修排除过滤系统故障，滤除液压油中杂质，必要时更换液压油。

38. 油管发生爆裂

原因：（1）油管质量不好，耐压不够。在正常工作压力下，油管发生爆裂；

（2）油管有导电物或绝缘不好，发生刺火，局部油管刺破；

（3）液压系统发生火灾，大火将油管烧损。

处理：（1）紧急停电；立刻关闭油泵；

（2）检修、更换质量合格的油管；

（3）消除刺火，更换油管；

（4）灭火。检修更换油管。

39. 液压系统失火

原因：（1）液压系统管道上有导电物，或绝缘不好，刺火引发火灾；

（2）液压系统有渗漏，油污未及时清理，接续电极壳时，电焊火花掉落，引发油污着火；

（3）其他明火引发液压系统着火。

处理：（1）紧急停电，立刻关闭油泵；

（2）用干粉灭火器、泡沫灭火器或黄沙灭火；

（3）进行液压系统检修，更换烧损的液压油管。

40. 液压系统压力低或压力不稳定

原因：(1) 液压油杂质多，堵塞油泵进油口或进油管；

(2) 系统调压溢流阀磨损或粘住（卡死）；

(3) 灰尘或碎块等卡住出口阀，使之部分打开；

(4) 系统压力设定值太低；

(5) 系统存在严重渗油。

处理：(1) 更换液压油；并清理油箱、油泵、阀件及所有液压管道；

(2) 清洗或更换溢流阀；

(3) 清洗阀件；

(4) 调节压力设定值；

(5) 进行液压系统检修，消除渗油。

41. 液压压力表无读数

原因：(1) 油箱油位低，打不上来油；

(2) 进油口或进油管道堵塞，油泵进油不畅，进油量少；

(3) 泵反向旋转或不转；

(4) 泵轴损坏；

(5) 溢流阀卡住打开后不能调节复位；

(6) 电信号错误操作电磁溢流阀。

处理：(1) 补充液压油，提高油箱油位；

(2) 清理进油口或进油管道；

(3) 通知电工处理，排除油泵故障；

(4) 检修，更换泵轴；

(5) 通知仪表工处理，排除电信号。

42. 液压动作不灵

原因：(1) 液压系统工作压力太低，油缸不能正常动作；

(2) 油缸磨损泄漏或密封圈破损漏油，使油缸动作不正常；

(3) 联锁装置保护，液压系统不动作；

(4) 电磁阀、油缸活塞被杂物卡住，不能动作；

(5) 油泵进油管道接头松动漏气或油箱加油时倾倒不合适，夹带过多空气，使液压油中有空气，进入系统中，液压系统不能正常动作；

(6) 油箱油位低，油泵进油量不足，系统压力低；

(7) 液压油黏度高，造成进油不畅，系统压力低；

(8) 泵叶片磨损，油泵打不到额定压力。

处理：(1) 提高液压系统工作压力；

(2) 检修、更换油缸或密封圈；

(3) 通知仪表工处理；

(4) 钳工处理，检修或清洗电磁阀、油缸、油箱及所有液压管道，并更换液压油；

(5) 严格控制油箱油位，并保持油泵进油管通畅，并消除接头松动，消除液压油中空气；

(6) 及时补充液压油，提高液位至控制指标范围；

(7) 开启油箱加热器，提高油温，降低黏度；

(8) 检修、更换油泵。

43. 液压系统过热

原因：(1) 冷却器冷却水断水或冷却器堵塞，冷却水通量小；

(2) 冷却器恒温水阀调节不当；

(3) 液压系统工作压力调整太高，系统阻力大，压力损失转化为热能；

(4) 液压油黏度选择错误。黏度过高，系统阻力也较大，压力损失转化为热能；黏度过低，易使液压系统内有过量的泄漏，产生泄漏发热；

(5) 溢流阀调节不当。过高时，易使油泵过载发热；过低时，易发生卸载发热；

(6) 液压元件和油缸装配质量差。间隙过小，机械摩擦损失大，产生发热；间隙过大，则液压油泄漏量增大，产生泄漏发热；

(7) 液压油中夹带有空气，气泡受压时产生局部高温；

(8) 油箱设计不合理，体积过小，油贮量小，油来不及冷却降温；油箱进油和出油口距离过近，回油直接进入吸油管。

处理：(1) 检查冷却器，确保冷却水流量在合适范围内；

(2) 适当调节冷却器恒温水阀；

（3）调整液压系统压力在指标范围内；

（4）更换黏度合适的液压油；

（5）合理调节溢流阀；

（6）检修，提高液压元件和油缸的装配精度；

（7）检查、检修，消除吸油管接头的泄漏点，避免液压油中夹带空气；

（8）更换合理大小的油箱，或在油箱内回油口和吸油口之间加装隔板。

44. 环形加料机除尘器出口有黑烟

原因：（1）除尘器布袋发生破损，含尘烟气未经过滤粉尘排入大气；

（2）除尘器布袋在安装时安装不规范，布袋接口部件卡扣未扣死，布袋与接口部位有缝隙，含尘烟气从缝隙中逸出；

（3）布袋支架上有毛刺，未清理干净，布袋安装时将布袋勾破，导致含尘烟气从破口逸出。

处理：（1）检查、更换破损的布袋；

（2）规范安装布袋，接口部位卡扣必须扣死，仔细检查接口部位，确认接口部位无缝隙；

（3）安装布袋前必须仔细检查布袋支架，将毛刺打平。

45. 出炉除尘器布袋易破损

原因：（1）出炉烟气中夹带有大颗粒火星炭尘，附着在布袋上，发生阴燃；

（2）除尘器卸灰不及时，高温粉尘长时间堆积在布袋下部，布袋在高温下发生性变，脆化破损；

（3）布袋支架上有毛刺，在安装前未作清理，安装布袋时钩破布袋。

处理：（1）检查、更换破损的布袋；

（2）工艺改进，除尘器前加设旋风除尘器、重力沉降器等阻火装置；

（3）除尘器应建立并严格执行定时卸灰制度，避免高温粉尘在除尘器内长时间停留；

（4）布袋安装前必须将布袋支架毛刺打平，并仔细检查，确认布袋支架光滑、无毛刺。

46. 除尘器脉冲阀故障

原因：（1）电磁脉冲阀线圈烧坏，电磁阀不能动作；

（2）电磁脉冲阀膜片受高温或材质老化而破损，压缩空气发生泄漏，不能实现脉冲；

（3）脉冲阀控制仪操作回路故障。

处理：（1）检修、更换电磁脉冲阀线圈；

（2）检修、更换电磁脉冲阀膜片；

（3）脉冲阀控制仪操作回路检查检修。

47. 星形卸灰机、螺旋排灰机故障

原因：（1）除尘器内有铁件掉落，星形卸灰机、螺旋排灰机发生卡阻；

（2）星形卸灰机、螺旋排灰机因高温发生轴变形，运行时发生卡阻；

（3）停机前星形卸灰机、螺旋排灰机内积灰未清除干净，积灰发生黏结，启动时阻力大；

（4）控制操作回路发生故障，或PLC程序出错，导致星形卸灰机、螺旋排灰机定时启停动错误；

（5）供电回路发生故障，星形卸灰机、螺旋排灰机未供上电，不能启动。

处理：（1）拆卸星形卸灰机、螺旋排灰机进行检修，清除卡阻物；

（2）拆卸星形卸灰机、螺旋排灰机进行检修，更换主轴；

（3）拆卸星形卸灰机、螺旋排灰机进行检修，清除机内积灰；

（4）操作回路检查检修控制操作回路，重新调试PLC卸灰程序；

（5）检查检修星形卸灰机、螺旋排灰机供电线路，排除故障点，恢复星形卸灰机、螺旋排灰机的供电。

48. 电石炉炉眼打不开

原因：（1）电极位置高，工作端短，熔池内温度低，液体电石流动性不好，在炉口区域甚至发生黏结；

(2) 炉底积存杂质多，炉底发生明显的上抬，炉眼位置偏下时，炉眼打不开，液体电石难以排出；

(3) 打炉眼时方向偏差较大，未打到液体电石的流出通道上，液体电石排不出来；

(4) 熔池内生料多，打眼时打在生料层，流动性差，液体电石排不出来。

处理：(1) 中控岗位努力调整炉况，设法增加炉料电阻，降低电极位置，增加电极工作端长度，提高熔池内温度；

(2) 改变炉眼高度位置，适当向上打眼；

(3) 打正炉眼；

(4) 适当延迟出炉时间，用烧穿器加温炉眼。加强液体电石流道的疏通，必要时，用氧气吹。换出炉炉眼。

49. 炉眼难堵

原因：(1) 炉眼烧得太大，堵泥球时不好使劲；

(2) 炉眼维护不好，炉眼发生变形，不规则，外小里大；

(3) 液体电石非常黏稠，一出炉眼就堆积在炉口外，挡住了炉眼；

(4) 原料中杂质多，流铁水严重，高温液体侵蚀炉眼，将炉眼烧坏。

处理：(1) 用烧穿器烧炉眼时应注意烧眼大小合适，如果已经烧成大炉眼，可以采用封眼的办法，重新烧眼；

(2) 用烧穿器及时修正炉眼，将炉眼修正至外大里小，规则圆形，便于出炉操作；

(3) 清除炉口外堆积的电石，并用烧穿器重新烧眼；

(4) 采取封眼办法，重新烧炉眼，并加强平时的炉眼维护；

(5) 如果在生产中遇到炉眼难堵，可以起吊出炉口电极，以降低炉眼温度，便于堵眼。如果炉眼堵不上，危及出炉系统的生产安全和设备安全时应立即停电。

50. 冒眼

原因：(1) 原料杂质多，电极工作端比较长，液体电石中夹带的矽铁多，穿透了炉眼；

（2）电石质量比较低，液体电石流动性好，电极工作端比较长，熔池口狭窄，炉压比较高；

（3）炉眼太多，堵眼时泥球未完全将炉眼堵好；

（4）堵眼技术不高，堵眼时泥球未完全堵实、堵深，炉压发生波动时，将泥球冲开。

处理：（1）提高原料质量，减少原料中杂质进入炉内；合理控制电极工作端长度；

（2）适当提高电石质量；

（3）加强技术培训，提高堵眼操作技术；

（4）一旦发现冒眼，必须立即组织堵眼。如果一时难以堵上，危及出炉系统的生产安全和设备安全，应立即降低电石炉运行负荷，直到停炉。

51. 出炉时喷生料

原因：（1）出炉口电极下得太深，红料和半成品反应时间不足，落入熔池后随液体电石排出；

（2）出炉时，电极电流下降后，出炉口电极下得太快，破坏了熔池内的正常料层结构，生料落入熔池，随液体电石排出。

处理：（1）严格控制合理的电极工作端长度；

（2）出炉时，下电极要缓慢、适当；

（3）出炉发现出生料时，可先堵眼，适当延迟出炉时间，或转炉眼出炉；

（4）生料堵死炉眼时，用电新烧炉眼。

52. 电石发黏，流出困难

原因：（1）炉料配比过高，电石发气量高，电石熔点高，液体电石流动性差；

（2）电极上抬，工作端短，电弧作用区位置高，熔池温度低，导致液体电石流动性差；

（3）石灰生烧率高，影响炉料配比高较大；石灰过烧率高，反应性差，液体电石黏度大，流动性差；

（4）原料氧化镁、氧化硅等杂质含量高，混合在液体电石中，使液体电石发黏，流动性差。

处理：(1) 调整至合理的炉料配比；

(2) 稳定电极，严格控制合理的电极工作端长度；

(3) 提高石灰质量，降低石灰生过烧率；

(4) 严格控制投炉石灰中氧化镁、氧化硅等杂质含量。

53. 炉门框炉嘴等漏水

原因：(1) 投炉原料中杂质含量高，液体电石中夹带矽铁量较大，铁水穿透炉门框或炉嘴；

(2) 出炉时用烧穿器不当，刺火将炉门框、炉嘴刺穿，发生漏水；

(3) 炉体、烟罩、出炉挡屏等部件绝缘不良，出炉时圆钢同时搭到炉嘴和出炉挡屏，发生刺火泥沙；

(4) 使用期过长，炉门框和炉嘴发生自然损坏。

处理：(1) 发生炉门框和炉嘴漏水时，应立即关闭冷却水；

(2) 转炉眼出炉；

(3) 由钳工检查、处理，修补或更换炉门框、炉嘴等漏水部件，并处理各部绝缘。

54. 小车易拉翻

原因：(1) 轨道设计不合理，转弯半径太小，小车在弯道处易拉翻；

(2) 轨道施工质量不好，轨道不平整，宽窄不均匀；

(3) 地滚轮设置不合理，钢丝绳拉力方向与小车前进方向不一致。钢丝绳连接位置过高，钢丝绳容易脱出地滚轮；

(4) 小车轮子或轨道破损，小车在破损处易拉翻；

(5) 小车一侧轮子卡死，小车两侧阻力不一致，易拉翻；

处理：(1) 检修，整改出炉轨道，设置合理的转变半径，并修整轨道面平整，宽窄均匀；

(2) 重新设置地滚轮，并修正钢丝绳连接位置；

(3) 修复小车轮子及轨道的破损；

(4) 加强小车的日常维护、检修，保证小车轮子滚动顺滑。

55. 炉底发红、烧穿

原因：(1) 碳砖质量不好，质地疏松，有掉块、开裂现象，高温烧结性不好；

(2) 炉衬砌筑质量不好，缝隙过大，表层捣打料厚度不足，或捣打不规范；

(3) 开炉时，负荷提升过快。在炉底碳砖层未烧结前电弧将捣打料层全部打掉，产生的高温液体侵蚀碳砖缝隙，烧坏炉底；

(4) 电极工作端过长，电弧过猛，将炉底碳砖层烧掉打坏，高温液体侵蚀碳砖层，烧坏炉底；

(5) 原料杂质过多，矽铁量大。矽铁穿透性强，穿透了炉底碳砖层；

(6) 炉底风机故障或风道堵塞，炉底通风降温效果不好。

处理：(1) 提高碳砖质量和炉衬砌筑质量，避免高温液体对碳砖层的侵蚀；

(2) 开炉时控制合理的负荷提升速度，保证炉底碳砖层的整体烧结；

(3) 合理控制电极工作端长度，防止电弧将碳砖层烧掉打坏；

(4) 加强控制投炉原料杂质含量，减少矽铁的生成；

(5) 修复炉底风机，清理风道，加强炉底的通风降温。

56. 炉膛压力过低

原因：(1) 电石炉塌料频繁，炉压波动大，炉压控制困难，有时炉压过低；

(2) 高温风机变频器损坏或控制不好，高温风机转速过大，全压过高，导致炉膛压力过低；

(3) 烟气蝶阀故障，蝶阀开启后卡阻，不能调节至关闭位置；

(4) 压力变送器损坏，炉膛压力指示、报警有误。

处理：(1) 稳定电石炉操作，尽量避免电石炉频繁塌料；

(2) 检查、检修高温风机变频器，排除变频器故障；

(3) 检查、检修蝶阀，排除蝶阀故障，确认蝶阀在关闭状态时能够关闭到位；

(4) 检查、检修压力变送器。

57. 净化过滤器进口温度过高或过低

原因：(1) 冷却风机变频器损坏或控制不好，冷却风量忽大忽小，导致冷却后烟气温度忽高忽低；

(2) 电石炉负荷波动较大，相应气量变化也较大，未作及时调整；

(3) 温度传感器损坏，显示、报警有误。

处理：(1) 检查、检修冷却风机变频器，排除变频器故障。PLC程序设置烟气温度与冷却风机变频器自动联锁控制；

(2) 稳定电石炉运行负荷，稳定电石炉操作；

(3) 检查、检修温度传感器，排除温度传感器故障。

58. 净化过滤器进出口压差大

原因：(1) PLC 程序参数设置不合适，过滤器反吹频次不足，反吹间隔时间过长；

(2) 氮气压力偏低，反吹除灰效果不好，粉尘在过滤介质上黏附越来越厚；

(3) 炉气温度控制过低，烟气中焦油结露，吸附在过滤介质上，焦油黏性大，造成粉尘黏附，反吹时不易吹除。

处理：(1) 调整 PLC 程序中反吹设置，增加反吹频次；

(2) 保证氮气压力；

(3) 严格控制炉气冷却温度，避免焦油析出。

59. 炉气氧含量高

原因：(1) 电石炉炉盖密封性不好，缝隙较大，在负压操作时，空气进入炉内，造成炉气氧含量超标；

(2) 净化系统管道、设备存在泄漏现象。

处理：(1) 停炉检修，处理炉盖密封，同时严格控制电石炉在微正压操作；

(2) 净化系统检查、检修，消除泄漏点。

第二章

事故分析

第一节 生产中容易发生事故的原因及处置、防范

电石生产及原料准备各工序生产运行中，存在灼烫伤、气体中毒、火灾、爆炸、机械伤害、高处坠落等各类易发多发事故。现就事故发生原因、事故处置及防范措施等分析如下。

1. 沸腾炉（热风炉）点火时发生喷炉、爆炸事故

燃煤、燃焦沸腾炉在点火起炉的时候，为便于木柴着火，有时会用废机油或柴油浸湿一些擦机布、废棉纱来引火，或直接泼洒在木柴上来引燃木柴。有些操作工人因为各种原因，违规将汽油替代废机油或柴油，直接泼洒在木柴上，再点火引燃。这样极易引发沸腾炉的喷炉、爆炸事故。因为汽油挥发性远比柴油和废机油强，汽油蒸气闪点只有45℃，汽油蒸气在炉膛内与空气混合形成爆炸性气体混合物，燃烧极为迅速，在点火时发生爆燃，炉膛内气体受热后体积急剧膨胀，向炉口喷出，发生操作人员灼伤事故。

燃气热风炉发生燃爆喷炉事故的原因可能有以下几种：

（1）未进行炉膛气体置换的情况下点火，炉膛内存在可燃气体，造成炉膛内爆燃，向外喷火伤人；

（2）先开启燃气供气阀门，后点火，造成炉膛内可燃气体浓度达到爆炸极限，发生爆炸；

（3）点火未成功，未及时关闭燃气供气阀门，造成炉膛内可燃气

体浓度达到爆炸极限，点火时发生爆炸；

(4) 点火成功后，燃烧未稳定，发生火焰熄灭，未及时关闭燃气供气阀门，造成炉膛内可燃气体浓度达到爆炸极限，遇明火发生爆炸；

(5) 助燃空气阀门开度较小，助燃空气量不足，造成未完全燃烧的可燃气体积聚，浓度达到爆炸极限时发生爆炸。

另外在点火作业过程中，未严格按先开引风机后开鼓风机，再点火的操作顺序操作。在未开启引风机的情况下，开启鼓风机后就点火，因点火后，炉内温度升高，炉内气体受热膨胀，而引风机未开启，炉内气体压力无法泄出，于是向炉口喷出，也易引发操作人员灼伤事故。

所以为避免这类事故的发生，在操作中必须严格遵守岗位安全操作规程，严禁用汽油替代柴油或废机油作为引燃物，同时，在点火操作中必须严格遵守先开启引风机，后开启鼓风机，再点火的作业顺序。点火操作时，操作人员应注意站立在炉口的侧方，不得正对炉口；操作人员必须规范穿戴好劳动保护用品、用具，也是有效降低这类事故伤害的措施。

2. 兰炭烘干机尾气干法除尘器发生燃烧或爆炸事故

在兰炭烘干机尾气除尘器内的兰炭粉尘是干燥的，其粒度也非常细小。如果除尘器排灰不及时，粉尘较长时间积聚在除尘器内部，在烟气高温影响下，同时兰炭粉尘在灰斗内和水平积灰表面缓慢氧化而积蓄的热量，使粉尘温度升高，易发生粉尘的自燃。粉尘在除尘器内部发生燃烧，如果未及时发现，可能引燃除尘器布袋及其他内件，造成设备烧损的严重后果。

兰炭粉尘因为其颗粒非常细小，悬浮在除尘器气相中，在除尘器空气氛围中浓度如果有可能达到可燃粉尘的危险浓度范围，遇到系统存在静电火花或敲击等外在因素的影响，就有可能发生粉尘的爆炸。

兰炭粉尘爆炸的条件是：①兰炭粉尘的浓度处于其爆炸上限和下限浓度之间（煤尘的爆炸极限为 $114g/m^3$）；②有足够的空气或氧化剂；③有效的火源。只有在这三个条件同时具备时，才有爆炸的危险。

针对以上兰炭粉尘燃烧爆炸三要素，除尘器内粉尘的浓度在实际生产过程中通过一些控制手段是可以控制降低的；由于烘干机尾气中存在大量的空气，除尘器内部的空气是足够燃烧爆炸发生的；严格控制火源的产生能够有效抑制燃爆事故的发生。

通常系统中粉尘浓度越高，爆炸的危险性越大，所以适当加大通风量，可以降低粉尘的浓度，减低爆炸发生的危险性。或在布袋除尘器前端设置预置除尘器，也可有效降低布袋除尘器中的粉尘浓度。

静电火花是由于滤布、管道摩擦带电产生的。可以将袋室、管道均连接起来，然后接地，或采用防静电滤布来消除静电的产生。操作人员进入现场，必须穿防静电工作服和防静电鞋，严禁穿带金属钉的工作鞋进入操作现场。除尘器必须有完善的防雷击设施；在生产操作中严禁用金属物体敲击设备和管道。避免静电或撞击火花的产生。

定时检查脉冲阀的工作情况、压缩空气的压力情况，保证布袋清灰正常，布袋的表面粉尘黏覆量最小；保证除尘器排灰系统正常运行，防止由于排灰不及时灰粉淹埋布袋引起布袋燃烧。

安装连续卸灰装置；粉尘收集灰斗设计成较陡的侧面，避免粉尘在灰斗壁上积聚；过滤室和灰斗内设的加强筋不应有水平积灰面；连续监测灰斗及袋室内的温度，一旦高于规定温度，应立即停车或采取适当的处理措施。这样可以有效地消除粉尘在除尘器内部的堆积而自燃着火。

对于布袋收尘器系统来说，采用爆炸泄压是最简单、廉价、有效的防爆措施，布袋除尘器及管道上应安装泄爆阀、泄压板或防爆门来及时泄压；泄压阀或防爆盖的阀盖与阀座之间必须用铁链连接，以避免爆炸时阀盖飞出伤人。

3. 燃气热风炉发生一氧化碳中毒事故

燃气热风炉发生一氧化碳中毒，最为常见的情况是在热风炉停炉内部检修时，停炉安全措施未落实到位，燃气管道切断阀发生内漏，燃气管道中一氧化碳气体漏至热风炉炉膛内，检修人员发生中毒事故。另外一氧化碳管道、阀门连接部位易发生一氧化碳气体外漏，当一氧化碳气体外漏至环境空间后，特别是热风炉厂房通风条件不好时，一氧化碳积聚达到一定的浓度，该区域操作人员有可能发生一氧化碳中毒。

所以热风炉停炉检修时必须将各项安全措施落到实处：关闭燃气管道切断阀，并在切断阀后按规定程序堵上盲板。在对热风炉进行氮气置换和空气置换，对热风炉炉膛内气体取样分析，一氧化碳含量低于 30mg/m^3、氧含量大于 18%以上的指标合格后，检修人员方可进入检修。检修时在热风炉外必须设有专人进行监护，一旦发现异常情况，立即报警、施救。施救者必须自己先正确佩戴好防毒面具，方可进入一氧化碳扩散区域进行施救。

热风炉厂房应具备良好的通风换气条件，如果厂房自然通风条件不好，应设置强制通风设施，加快环境空间一氧化碳气体的向外扩散，降低厂房内一氧化碳气体浓度。在热风炉周围环境应设有固定的一氧化碳浓度监测及报警装置。当装置发出超浓度报警时，必须立即停炉，关闭燃气切断阀。必要时应疏散现场人员。组织检修力量检查、处理泄漏部位，消除泄漏。

4. 电石炉新开炉发生炉面爆炸事故

电石炉新开炉装炉时，有时将料仓内留存时间过长的原料装入炉内。而料仓内留存时间过长的原料，因长时间接触中的水分，生石灰已经风化消解，粉末含量大，投入电石炉后，往往会严重影响炉料的透气性，易造成熔池内炉气压力过高。在新开炉时，出炉还没有完全正常，容易发生一些小的翻液体电石现象，有时从料面上并不能看到明显的翻液体电石，这些小的翻液体电石往往会使料面结成硬块，严重影响炉料的透气性。同时由于这一时期电极的上下运动也比较少，这样会使炉气积聚在熔池内，不能及时释放。当某一瞬间，这种平衡被打破时，发生塌料。熔池内的炉气冲出来，一氧化碳与炉面空气在局部形成爆炸性混合气体，遇炉面明火就会发生爆炸。严重塌料时会将熔池内液体电石带出，黏附在炉盖、底环等部件上，造成连电刺火漏水，从而引发更大的爆炸。新开炉时电石炉炉面检修门尚未关闭，爆炸时高温炉气从检修门冲出，极易造成操作人员灼伤事故，甚至引发操作人员重伤、死亡，或者设备、电气设施烧损等严重后果。

新开炉的装炉工作必须高度重视，严格控制投炉料的粉末量和投炉焦的水分含量。料仓内长时间留存的原料坚决不用。同时应严格规范新开炉出炉制度，必须按时出炉，且坚持三个炉眼轮流出炉，尽可能避免熔池内有较多的液体电石积聚。新开炉时料层结构不稳定，出炉吹氧气时应严格控制吹氧管插入的深度和氧气阀门的开度，避免因出炉吹氧压力过大造成料面大塌料。三相熔池口较长时间未出现正常吃料时的小塌料，可将三相电极上下略微升降动作一下，及时破坏炉气的封闭平衡，释放熔池内的炉气。另外在新开炉检修门未关闭的时候，尽量避免人员过多地在炉面逗留，尤其不要在观察门正面逗留过长时间，巡视人员巡视时尽可能时间短，并且距离检修门尽可能远。新开炉时，在二楼操作面应设置安全警戒区域，必要时设置专人监护，无关人员不得入内。

5. 电石炉大塌料造成人员灼伤事故

电石炉在正常生产时由于炉料的透气性不好，反应生成的一氧化碳炉气不能及时释放，而在熔池内积聚。当电极位置发生上下变动、出炉时料层塌陷、吹氧时压力升高、或者因为炉料封闭时间较长，熔池内炉气压力持续升高至压力平衡被破坏，在压力平衡破坏的一瞬间，熔池内炉气冲破料层的阻碍冲出熔池，将熔池内大量的红料，甚至是半成品、成品电石夹带冲出，就发生了大塌料。

大塌料由于发生突然，在进料过程中夹带出大量的高温物质，使炉内温度急剧升高。严重时，会造成炉内通水部件内的冷却水受热汽化，或者发生设备烧损、破裂。当冷却水胶皮管因冷却水汽化，压力升高破裂时，高温蒸汽喷出，易发生人员烫伤事故。同时由于大塌料时炉气突然冲出熔池，炉内压力骤然升高，冲出检修门、防爆孔等，高温气流冲至炉面，有可能造成巡视人员灼伤事故。

影响炉料透气性的主要因素有：投炉原料筛分系统发生故障，筛网有堵塞现象。或停炉时间长，料仓内原料留存时间过长，原料已经吸潮水解。有时也可能是因为料仓突然用空，仓壁处有大量粉末原料进入电石炉。总之各种因素造成投炉原料粒度过小、粉末量大，使炉料层逸出炉气非常困难。投炉兰炭烘干水分超标也是电石炉发生大塌料的重要原因之一，兰炭与石灰混合后，兰炭中的大量水分与生石灰发生消化反应，生成大量氢氧化钙粉末，严重阻碍炉气的逸出。操作中有时对炉面控制不良，料面过高，往往伴随着红料过多，尤其是长时间红料过多，会使料层板结成硬块，对炉气的逸出有严重的阻碍作用。另外还有翻液体电石现象的存在，液体电石翻到料面上，使料面发生熔融板结，也是严重影响炉料透气性的因素之一。

在电石炉生产管理工作中，加强投炉原料的检查，发现投炉料粒度过小，粉末多等情况，应立即检查筛分装置，是否有筛网堵塞情况，及时排除故障，减少粉末投炉，增加炉料的透气性；发现投炉料水分过高，应立即通知炭材烘干岗位，加强对炭材水分的控制；经常停炉检查料柱的长度，避免生料料面过高；如果发现料面红料过多，应及时处理料面，彻底清除炉面的红料；严格按时按量出炉，避免翻液体电石现象。密闭电石炉生产过程中绝对杜绝塌料的发生是难以做到的，但是通过精细化的管理工作，可以尽量减少塌料的发生以及对安全生产造成严重的危害。

6. 电石炉炉内设备漏水爆炸事故

密闭电石炉内主要通水部件有接触元件、底环、水冷护屏、加料柱、中心炉盖、炉盖等。

接触元件为导电部件，当接触元件电流过大或电极壳筋板焊接、打磨不好，导致接触不良，以及电极过焙烧，发生筋板变形、烧损等情况时，易发生接触元件刺火漏水；有时因为接触元件加工质量不好，存在砂孔，发生漏水现象。

底环水管以及小弯管接头多采用活接形式，长时间运行后易发生活接头漏水，或因电极壳皱皮卡住电极，当强行压放时造成活接拉脱漏水；当炉况异常，发生大塌料、翻液体电石等，容易使液体电石黏附在底环上导致刺火漏水；加料柱发生烧损，料面非常高，易导致底环承受高温烧损漏水。铸造底环加工质量不好，或加工精度不好也易造成底环漏水现象。

水冷护屏与底环、接触元件等部件绝缘不良，易造成护屏刺火漏水。

通水加料柱长时间使用后，下部在高温下逐渐氧化变薄，或因塌料、翻液体电石等，导致刺火漏水；电极入炉工作端长度长期偏短也易使加料柱漏水。

当加料柱烧损严重，未及时处理，长期在高料面下运行，使中心炉盖等部件承受高温，导致变形，或因加工焊接质量问题，容易造成炉盖漏水现象。循环冷却水处理不良，未进行加药处理，造成炉盖内部结垢严重，或循环水中泥沙含量高，沉积在炉盖内，导致炉盖降温效果不好，或炉盖循环水发生断水情况，也会造成炉盖变形、漏水。

当密闭电石炉内通水部件发生小量漏水时，水滴落到生料上，部分水与生石灰反应，造成生石灰消化，粉末量增加，影响了炉料的透气性，使塌料增加；部分水在高温下与炭素发生还原反应，生成氢气，当与炉面上的空气接触时，又发生氧化反应，放出热量，所以炉气温度明显升高，易发生电石炉设备损坏。但是当炉内通水部件大量漏水，如果大量冷却水直接进入熔池，与熔池内半成品、成品反应生产大量乙炔气，这时如果打开观察门检查，乙炔气与进入炉内的空气形成混合爆炸性气体，在炉内高温下极易发生大爆炸，造成设备、人员的惨重损失。

密闭电石炉炉内漏水引发事故曾经在电石行业内有过非常惨重的教训。在日常生产操作中，可以从几个方面来尽可能减少事故的发生，降低事故所造成的危害。

操作上应尽可能地使电石炉炉况正常稳定，避免电极过短、翻液体电石、负压操作、料面过高、红料过多、料面空洞等各种异常现象。同时加强观察，通过炉气氢含量监测值的变化、炉气温度的变化、炉气压力的变化等参数的变化趋势，尽早发现电石炉炉内部件的漏水故障。在漏水尚不严重时，及时停炉组织检修处理，消除漏水故障，避免拖延至漏水扩大时再检修处理，如果延误处理有可能酿成严重的后果。

当发现设备发生大漏水现象时，必须立即紧急停电；打开放散烟囱通水蝶阀，将炉气及时放散。待放散至炉内为负压时，在炉面确认观察门及各处缝隙中无火焰窜出；操作人员站在观察门侧面，小心打开观察门，仔细检查炉内设备；如发现大漏水现象，立即关闭冷却水阀。当怀疑炉内发生大量漏水时，切不要上下动作电极，否则易破坏既有料层的稳定，使料面的积水加大进入熔池，增大爆炸的危险。严禁停炉后立即打开观察门。

平时操作工应熟悉设备和冷却水系统，多加强应急演练，在事故发生时才能迅速、准确地处理。

7. 电极软断事故

电极发生软断事故的主要原因是：电极糊中挥发分含量过高，导致电极糊烧结速度减慢，电极烧结速度跟不上消耗速度，如果继续按原来的压放量来压放电极，就会发生电极软断事故；电极糊中杂质含量高，电阻率高，导电、导热性能不良，电极糊烧结速度也会减慢，导致电极烧结速度跟不上消耗速度，引发电极软断事故；电极压放时间间隔过短或连续多次压放，压放量超过了电极的烧结量，导致电极发生软断事故；投加的电极糊块度大，或因电极糊发生黏块，未破碎就加入电极壳内，使电极糊在电极壳内发生架桥现象，待架桥上方的电极糊因受热下落后再烧结，已经跟不上电极的消耗；北方寒冷地区冬季有时因环境气温太低，电极未开加热器，电极糊融化速度非常缓慢，影响了电极糊的烧结速度，也会使电极烧结速度跟不上电极消耗速度；长时间小电流操作，电极电流密度太低，也使电极焙烧速度减慢；电极壳钢板质量不好，电极壳有鼓包变形，或是电极壳接续焊接质量不好，接触元件与电极壳连电刺火，电极壳撕裂导致电极软断。

电极软断事故的发生，主要影响电石炉的正常生产秩序，造成物料的严重损失。在密闭电石炉上，由于有炉盖阻隔，电极软断后，炽热的电极糊直接喷出伤人的情况并不多见。但电极糊如果泄漏量大，液体电极糊漏入熔池，与液体电石接触，则会造成非常剧烈的爆炸，造成设备损毁乃至人员伤亡的惨重事故。

避免电极软断事故的发生，最主要还是通过电极糊的合理配方，提高电极糊的使用性能，使电极的烧结速度与消耗速度相匹配。

电极的消耗速度与下列因素有关：电极的固定碳含量高消耗慢；电极烧结后气孔率低消耗慢；炉料配比高杂质少消耗慢；电极工作端长消耗慢；电极电流密度小消耗慢。

操作上必须每班测量电极工作端长度，作为每班压放电极量的参考值。严格加强电极的压放控制，合理掌握电极压放的间隔时间，通常要求两次压放间隔时间大于30min，严禁连续多次压放；自动压放时，必须密切关注压放过程，发现自动压放故障，连续多次自动压放时，必须及时停止自动压放，消除故障；严格控制电极糊投加块度，定期测量电极糊面深度，防止发生电极的中空现象；当环境温度过低，影响电极糊融化时，应及时开启电极的加热装置；合理控制操作电流；如长时间电极位置过高，应及时调整炉况；提高电极壳制作质量，防止电极壳与接触元件发生刺火引发电极软断事故；发现电极偏短时，应及时进行压放量调整或电石炉运行负荷的调整；如发现电极工作端长度已难以维持正常生产时，应及时停电，一次性压放足量电极后，再低负荷送电，焙烧电极，严禁冒险在正常负荷下采用连续多次压放电极的方法来弥补电极长度的不足。

8. 电极硬断事故

电极发生硬断事故的原因是：电极糊挥发分含量过低，致使电极糊烧结过早，电极糊流动性不好，电极烧结不均匀，强度不好；电极糊制作质量不好，混捏不均匀，使电极烧结后质量不均匀，影响其烧结强度；电极焙烧过干，电极出现裂缝，易折断；电极过长，自重较大，遇大塌料时气流冲击后，发生折断；停电时间长，电极由于热胀冷缩作用，造成强度下降，导致电极硬断；停电时间长，电极保护不好，风化严重，强度下降，在重新送电后，提升负荷较快的情况下，易发生电极硬断；停电时间长，电极筒上部未加盖保护，灰尘进筒体，落在电极糊表面，烧结时出现隔层，形成一个二次烧结面，在二次烧结面上强度较差，易产生硬断；电极糊柱高度过低或过高对电极的烧结强度均有不利的影响，糊柱高度过低时，电极烧结密实度不足，电极烧结强度不好且易造成电极柱烧结有二次烧结面，而糊柱高度过高，在电极糊柱熔化过度的情况下，容易存在颗粒分聚现象，影响电极的强度，产生硬断；操作电流变化越大，电极的温度变化越大，造成其热应力也越大。在电石炉负荷非常高的情况下突然停电，会造成电极非常大的热应力，重新送电后易造成电极的硬断；电炉短时间停电后，电流恢复时间过长，导致电极热应力增加，造成硬断。而如电石炉停电时间较长，则需要较长时间来缓和电极的热应力，否则容易发生电极的硬断事故。

电极发生硬断事故，由于电极断头已经完全烧结，不会像发生软断事故一样有未烧成的高温炽热的液体电极糊喷出伤人。但是在处理断头的过程中，需要注意一些容易发生伤人的安全问题。

密闭电石炉发生电极硬断事故后，除少数密闭电石炉炉盖设有翻开炉盖，可以直接取出电极断头外，大多数密闭电石炉检修门比较小，电极硬断时的断头不易直接拔出，必须采取爆破或人工破碎的方法，将断头破碎成小块才能从炉盖的检修门取出。在采取爆破时，必须要取事先得公安、安全监管等有关部门的许可，由具有爆破操作资格的专业人员进行实际操作，并严格控制爆炸物的爆破力，现场人员撤离至安全地区后方可进行爆破作业。在取出碎电极块时，由于现场人员、工具繁杂，作业人员必须按规范穿戴劳动保护用品；从炉中取出的高温工具放置在炉面时，注意避免人员踩到发生烫伤；用钢丝绳辅助拔出电极碎块时，要注意防止钢丝绳滑脱、烧断后弹出伤人；电极碎块温度很高，也要注意避免从运输工具上翻落触碰到现场人员，造成烫伤；在使用各种工具时，应注意前后左右其他人员，避免工具撞伤。

要避免电极发生硬断事故，通常可以从以下几个方面注意加强控制：合理电极糊配方，合理控制挥发分含量，并提高电极糊制作质量，提高电极的抗热震性能；正常生产时必须定期测量电极工作端长度，作为每班电极压放量控制的依据，发现异常应及时调整处理，避免电极过长以及过焙烧；如非紧急停电情况，尽量控制合理的降荷梯度，待负荷下降到一定范围内再停电，避免电极积累较大的热应力，在重新送电时造成电极硬断；送电时控制合理的负荷上升曲线，避免负荷上升过快或过慢；控制合理的电极糊柱高度，避免糊柱高度过高或过低；在较长时间停电时，必须注意将电极落到下极限，并用生料尽可能将电极裸露部分围好进行保护，避免电极过快氧化；如较长时间停电，还应注意在电极筒上部加盖，避免灰尘进入电极筒落在电极糊表面，影响电极的烧结强度。

9. 胶皮管脱落、破裂引发人员烫伤及炉面逸水燃烧、爆炸事故

为了使炉体绝缘，与电石炉相连的冷却水管道上均有一截胶皮管，使电石炉与其他系统隔离。胶皮管通常采用夹布胶管，耐压较高。但有时因为各种原因，有可能造成胶皮管脱落或破裂，进而引发事故。例如，炉面通水胶皮管接头处，有些厂采用铁丝捆扎的方法，有时铁丝捆扎不牢，在水分配器冷却水水压较高时，造成胶皮管脱落；有些厂采用卡箍固定的方法，有时卡箍未卡紧也可能造成胶皮管脱落；有时因为分配器水压较低时，冷却水流速低，各冷却水管道内冷却水流量小，造成冷却水受热汽化，冷却水管道内压力升高，使胶皮管冲脱或破裂；冷却水水质控制不良，冷却水中悬浮杂质较多，在设备部件中沉积或堵塞通道，造成冷却水通道截面减小，冷却水流量相应减小，也会引发同样问题；如果冷却水硬度大或冷却水中未按规定按时按量投加阻垢药剂，长期运行后设备通水管道内结垢严重，也会使冷却水管道截面减小，引发冷却水流量减少的问题；如果炉膛压力控制不好，炉压波动较大，在炉压较高时，炉面蹿火严重，检修门及炉盖上的胶皮管易烧损破裂，造成漏水；如果胶皮管长时间在窜火高温下烘烤，橡胶老化，胶皮管也易发生破裂漏水。

如果胶皮管脱落或破裂，往往可能引发事故，造成较为严重的后果。当胶皮管因汽化破裂时，高温蒸汽从破口处喷泄出来，易造成附近操作人员发生烫伤事故；胶皮管因为水压高破裂或接头脱落，如果在炉盖外侧胶皮管发生漏水时，会造成二楼楼面逸水，如果二楼楼面在较多的电石粉尘积灰，就易引发楼面燃烧；并且冷却水会通过二楼楼面的孔洞或缝隙漏至一楼，也会造成一楼地面逸水，一楼地面通常有更多的电石粉尘积灰，更易引发地面的燃烧；如果漏水处正好位于出炉口的上方，冷却水直接漏入下方的热电石锅，就会引发爆炸；另外，如果炉盖上胶皮管脱落或破裂大量漏水时，冷却水有可能通过炉盖检修门、防爆孔等处漏入炉内，造成炉况异常，严重时也可引发严重后果。

要防范胶皮管脱落、破裂引发事故，需要从几个方面加强控制和管理。胶皮管无论采用铁丝捆扎还是卡箍固定，必须紧固，防止胶皮管被高压水冲脱；循环水站冷却水供水压力必须稳定，不得有较大波动。循环水站冷水泵最好采用变频控制，并将出水总管压力与变频控制器联锁，自动控制，保持冷却水供水压力的稳定；循环水系统应采用软水，并对循环水加强运行控制，按时按量投加阻垢剂、杀菌剂、缓蚀剂等化学药品，防止设备冷却部件的结垢；坚持旁滤系统设备的运行，保持循环冷却水清洁，无杂质，防止通水部件被杂质、杂物堵塞；保持炉压稳定，严禁高正压运行，使炉盖上蹿火严重。同时炉盖上的冷却水胶皮管应包裹石棉布、涂刷玻璃水，并将胶皮管安放在火焰烧不到的地方固定好；二楼楼面、一楼地面应经常清扫，避免楼面和地面上有过多电石粉尘。二楼楼面也不得堆放从电石炉内清理出来的翻液体电石结成的硬块等杂物和其他易燃垃圾。二楼楼面的各类留孔应做好防水围堰，防止漏出的冷却水通过留孔漏到一楼。

10. 环形加料机发生爆炸事故

环形加料机通过环形料仓、料管与电石炉炉膛相连。电石炉内电石生产反应过程中产生的一氧化碳炉气从熔池内上升至炉面，由于料管内有混合炉料的阻碍作用，大量的一氧化碳炉气不能通过料管上升进入环形加料机。同时，环形加料机除尘器还不断将环形加料机内的气体抽出。所以正常状况下，环形加料机内不容易有一氧化碳气积聚并与空气混合形成爆炸性气体。但有时因为环形料仓料位计发生故障，料位低至料管内混合料对炉气的阻碍作用已不能克服炉气上升的阻力，炉膛内一氧化碳炉气则会通过料管上升至环形加料机内，与环形加料机内的空气混合，在局部通风不良处形成爆炸性气体。遇高温或炉内有火星颗粒通过料管上升至环形加料机，则会发生爆炸。

环形加料机发生爆炸时，环形加料机内气体急剧膨胀，将环形加料机机壳炸裂、变形，机盖炸飞，造成严重的设备损坏。因为环形加料机在电石炉厂房四楼，该区域主要有巡检、续接电极壳、投加电极糊等项工作。所以环形加料机发生爆炸事故时，有可能造成正在进行这些工作的人员发生人身伤害事故。

为防止发生环形加料机发生一氧化碳爆炸事故，必须严格控制环形料仓的料位，如果发生环形料仓低料位报警，必须立即派巡检工去环形加料机现场实际检查，如发现环形加料机上部已经看不到实际料位，必须立即紧急停炉，进行补料至正常料位才能恢复生产。尽可能使用雷达、微波等信号可靠的料位探测计，尽量不用易发生故障的机械式料位探测计。如果配加料系统发生故障，不能进行配加料操作，电石炉应相应降低负荷运行，必要时应停电，待配加料系统故障排除投入正常运行后，再恢复电石炉的正常运行负荷。在实际生产中，应定期进行环形加料机除尘器风管内的清灰工作，清除风管内的积灰，避免因风管内积灰严重，阻力增大而造成环形加料机内通风不良，产生局部一氧化碳积聚。除必要的巡检、电极壳接续、投加电极糊工作外，尽可能减少其余人员在该区域内逗留，以减少人身伤害事故发生的几率。

11. 环形加料机发生着火燃烧事故

环形加料机下的环形料仓通过加料管与炉膛相连，一旦料管空料后，炉膛内一氧化碳炉气上窜至环形加料机内，并由于空料管的拔风作用，将带有火星的高温炉气带入环形加料机内，引发环形加料机爆炸燃烧；当电极发生软断事故，电极壳内电极糊全部漏完，电极空筒的烟囱效应使电石炉炉膛内高温烟气及火焰瞬间上升至四楼楼面，引发环形加料机设备、电气以及环形加料机内侧覆盖的木质地面燃烧；环形加料机驱动电机电气短路，也可能引发木质地面和环形加料机发生着火事故。

环形加料机发生着火燃烧事故，会造成环形加料机设备严重烧损，使电石炉无法进行正常生产。

预防环形加料机着火燃烧事故的发生，主要做好几项工作。对配加料工作高度重视，严密监控环形料仓料位是否正常，一旦发现料仓料位计在一批料加料完成后，求料信号未消除，必须立即派巡检工去现场检查核实，如有故障必须及时排除；如发现某料仓长时间不求料，也应立即派巡检工到现场检查核实实际料位情况；如果配加料系统设备发生故障不能进行配加料作业，电石炉应立即降负荷操作，待配加料系统设备排除故障后再恢复正常负荷操作。如果配加料系统设备故障在短时间内不能排除，则电石炉应立即停炉；正常生产时三相电极电极筒上部应加木板制作的盖子，封盖电极筒上口，一则防止灰尘落入电极筒内，影响电极烧结质量，二则防止电极发生软断事故时电极空筒形成烟囱效应造成烟气火焰上窜；正常生产时，应加强电气运行检查工作，严防发生电气短路引发着火事故。

12. 液压系统发生火灾事故

电石炉液压系统发生火灾有几种情况：液压系统长期有渗漏，渗漏的液压油在地面未作清理，当上层楼面电极壳接续时电焊火花通过楼板缝隙下落，引发地面积油的着火燃烧，进而烧损液压系统；投加电极糊时有电极糊块掉落到液压管线上，或检修时焊条、铁件掉落到液压管线上，未及时清理，生产时发生刺火，引发液压管路破损漏油，着火燃烧；液压软管采用钢丝胶管，接头绝缘不良，发生刺火，烧损液压软管而漏油，并着火燃烧；液压系统长期存在渗漏现象，遇电气短路引发火灾等。

当发现液压油管失火时，电石炉必须立即紧急停电。立即停止油泵工作，降低油压系统压力，避免更多的液压油泄漏。立刻采用二氧化碳类灭火器，如干粉灭火器、泡沫灭火器进行灭火，也可用黄沙、石灰粉等进行灭火。严禁用水进行灭火。

平时生产中应加强液压系统的巡检管理工作，电极压放系统、升降系统油管有少许漏油时，应及时进行紧固，消除漏油现象，漏油地面用黄沙、木屑覆盖吸附，并必须及时将现场清理干净，避免设备和地面上长期积油；做好三楼半和四楼楼面三相电极处的密封，防止电极壳接续时电焊渣通过该处缝隙掉落到下层楼面；四楼接续电极筒作业时，在三楼半电极压放系统应有专人监护，发现焊渣落下引发着火时，必须立即用适用灭火器灭火，避免火灾事故扩大；投加电极糊和检修作业后，应对液压系统管路进行全面的检查、清理，防止有电极糊块和铁件落在液压管路上。

13. 出炉系统发生爆炸事故

出炉口通水设备主要有炉嘴、炉门内框、炉门外框、出炉挡屏。有些企业出炉吸风罩出采用通水冷却方式。

出炉系统设备中，出炉嘴漏水爆炸最为常见。出炉嘴漏水的主要原因是，炉内积聚的矽铁，在电极工作端长度等条件适合的时候突然大量排出，造成出炉嘴穿孔漏水，引发爆炸；用烧穿器烧炉眼时操作不好，直接刺穿出炉嘴，引发漏水爆炸；出炉嘴加工制作质量不好，发生出炉嘴崩裂掉块，内部通水管暴露，造成漏水爆炸等。炉内积聚矽铁大量排出时，也易引发炉门内框、炉门外框漏水爆炸。出炉挡屏漏水，多为烧穿器操作不好，接触刺火引起，但出炉挡屏的爆炸，则多为挡屏断水，挡屏内冷却水气化，挡屏因压力增高变形，最终发生爆裂，高温蒸汽喷出伤人，或因漏水接触地面的碎电石，产生乙炔气，引发爆炸。有时因为出炉系统循环冷却水路的绝缘胶管位置设置不合理，将其设置在出炉口附近上方，胶管脱落或因热电石锅高温长期炙烤，易使胶管老化，发生漏水时，冷却水漏入热电石锅，引发剧烈的爆炸。出炉烟道蝶阀采用通水冷却方式时也可能因蝶阀漏水，冷却水漏入电石锅，引发爆炸。通水吸风罩漏水时，冷却水遇到地面的碎电石也会引发爆炸事故。

当出炉系统设备发生爆炸时，电石炉应立即紧急停电。立即关闭出炉口设备冷却水阀。做好转炉眼准备工作。送电生产。检修处理漏水爆炸部件。

出炉冷却水系统管路布置时应注意在电石小车牵引路线上方不得布置有绝缘胶管；如果出炉烟道蝶阀采用通水冷却方式，通水蝶阀布置的位置也应距离热电石锅尽可能远一些。平时生产中加强绝缘胶管的巡回检查，发现胶管老化现象应及时更换；加强各冷却水回路水量的检查，发现水量减少等异常情况，应及时查明原因，严防通水设备因冷却水量减少使水汽化现象；出炉作业结束后，应及时清扫炉台、轨道及轨道附近，将这些地方的碎电石颗粒及时收集、清理。在出炉口附近安全处必须就近设置出炉系统设备冷却水关闭阀门，便于在爆炸事故发生时及时安全关闭冷却水阀，避免爆炸事故扩大。

14. 出炉系统发生人身伤害事故

电石炉出炉岗位存在人员及危险因素密集的特点，易发的人身伤害事故种类较多，频次较高，具体分析有以下几种。

出炉系统的通水设备较多，主要有出炉嘴、炉门内框、炉门外框、出炉挡屏、吸风罩、烟道蝶阀等。有时因为循环冷却水运行时过滤系统运行效果不好等原因，造成循环水中悬浮物较多，在通水部件内沉积；或因循环水水质及加药管理不好，在通水部件内存在积垢现象，造成通水部件通水量减少。通水设备的高温使冷却水汽化，蒸汽压力升高后，胶管不能承受，或接头脱落，或胶管破裂，高温蒸汽冲出，造成附近的操作人员烫伤。避免该类事故的发生，主要是加强循环水运行管理，保证循环水补水水质符合标准要求，在循环水运行中必须按规定要求，按时按量添加药剂，避免设备中水垢的生成。同时在生产中还要加强巡回检查，严密监控各路循环水流量的变化，发现异常情况及时排除。还应定期检查绝缘胶管的老化情况，发现胶管明显变形老化，应及时更换。

电石炉出炉时经常需要吹氧气开炉眼或加速液体电石的流动。在吹氧操作中，如果吹氧管与耐压氧气软管连接不好，有漏气时容易发生回火伤人；有时吹氧管头部被黏结的电石堵塞，氧气喷出受阻时也易发生回火伤人；氧气阀开度缓慢关闭，吹氧管内氧气压力缓缓降低时也易发生氧气回火。所以吹氧作业时操作人员必须严格按规定穿戴好劳动保护用品用具，戴好厚棉制手套；连接好软管后，在吹氧之前必须先在炉眼外试吹一下，看吹氧管有无堵塞，是否正常。当吹氧管畅通正常时，关闭氧气阀，将吹氧管插入炉眼再缓缓开启氧气阀。吹氧结束时，应先拔出吹氧管再快速关闭氧气阀。吹氧作业时吹氧管与软管连接，最好采用防回火手柄，以防止回火发生伤人的事故。

出炉作业时使用的各类工具从炉眼中取出时温度非常高，随意放置在炉台上，出炉操作人员不小心踩到易发生脚底烫伤事故。所以从炉眼取出的炽热的出炉工具，应严格放置在炉台上规定的区域内，操作人员小心进出该区域；出炉操作区域严禁非岗位操作人员进入；出炉操作人员必须按规定穿戴好劳动保护用品，穿好厚底的反毛皮鞋，严禁穿着普通皮鞋、布鞋、胶鞋、塑料拖鞋等上炉台操作，防止踩踏炽热工具发生脚底烫伤事故的发生。

出炉作业时熔池内气体压力高，突然向炉口外喷气，或是吹氧时压力突然增大，炉口向外喷气，均有可能带出一定的液体电石，如果热气体及液体电石喷到人体，则会造成操作人员的烫伤。为防止该类事故的发生，操作人员必须按规定穿戴好劳动保护用品，穿好白帆布工作服，并扣紧工作服前襟扣子及袖口扣子，严禁穿着化纤服装及敞胸、挽袖上炉台作业；出炉作业时操作人员应站立在挡屏中间搁架槽的侧后方，不得正对搁架槽；有条件最好脸面部佩戴好防护面具；以防止烫伤。

出炉时液体电石在锅内还未凝结，有时装得过满，在电石小车突然牵引起动时，热电石锅表面的液体电石因惯性作用晃动，溢出可能会造成距离热电石锅比较近的人员烫伤。所以在出炉时，电石锅内的液体电石不要装得过满，同时操作人员尽可能距离热电石锅不要过近，非岗位操作人员不得进入岗位作业区域，电石小车牵引起动前应先打铃通知，避免该类事故的发生。

出炉操作时使用的工具较多，且使用时往往较为用力，有时前后难以兼顾，在用力向外拔出时，会撞伤后面的人员。所以在出炉作业时严禁非岗位人员进入炉台操作区域，在使用出炉工具时出要前后兼顾，避免在拔出工具时撞伤后面的人员。出炉工具在使用结束后，应按规定堆放整齐，避免人员在走动时绊倒摔伤。

在出炉作业过程中，人员尽量不要在出炉岗位及冷却厂房轨道通过，也不要靠近轨道附近逗留。有时因为电石小车遇到卡阻，拉动不畅，当卷扬机强行拉动的时候，钢丝绳可能突然断裂、崩出，造成附近人员的严重伤害。另外，在轨道上行走通过，也可能被拉动中的钢丝绳绊倒摔伤。

由于轨道、地辊设计不合理、轨道和小车不匹配、小车牵引方向不准确或轨道因液体电石流出高温变形等多种原因，易使小车在运行过程中出轨翻车，造成小车上热电石锅倾覆，有可能造成近旁的人员烫伤。因此，在岗位操作区域应严格控制人员进出和逗留。另外小车出轨后的调整过程中，也易发生人员受到肢体轧伤等伤害事故，使用叉车等机械辅助调整时，应由一人统一指挥，待其他人员离开后再进行机械作业。

出炉作业时小车可能正好拦住通道，人员需要通行时必须绕行，不得从小车上跨越。有时作业人员为贪图方便，直接从小车车架上踩踏跨越，如果正好小车牵引起动，则易造成人员跌落摔伤。在小车拦阻通道处应有明显标识，禁止人员踩踏跨越小车车架。电石炉小吊吊料口往往布置在出炉口近旁位置，吊料时也应有明显标识，并关闭吊料口下方围栏门，出炉人员及其他人员不得进入吊料口下方区域，起吊时应先打铃通知后起吊物料，防止吊料时有重物坠落造成人员砸伤。

出炉拌泥机造成人员伤害的事故也较为常见。出炉拌泥机在作业过程经常会发生石块或大块泥块卡住进料口。一旦出现这些情况，必须先断电停机，再用圆钢、木棒等工具捅开堵塞进料口的卡阻物。严禁在拌泥机运行中用手、脚直接扒取或踩踏的方式处理进料口卡阻物，这样极易造成人员的肢体伤害。

烧穿器应定期检查绝缘情况，操作人员必须戴好干燥的厚棉制手套才能扶持烧穿器，严禁赤手扶持烧穿器，以免造成操作人员麻电。另外在出炉岗位经常会布置一些风扇，以便出炉人员降温或吹散烟尘，出炉过程中炽热的出炉工具在拖拽的过程中，有可能烫坏风扇的电线胶皮，易引发操作人员触电事故。所以拖拽炽热的出炉工具时应注意地面的电线，不要烫坏胶皮。在移动风扇时，应先断电停机再移动风扇，严禁移动运行中的风扇，以免移动时风扇倾倒造成人员伤害。

15. 净化系统发生爆炸事故

净化系统内炉气的主要组分是一氧化碳，一氧化碳为易燃气体，一旦发生泄漏，遇明火易着火。

一氧化碳与空气混合达到一定浓度可以发生爆炸，其爆炸极限为12.5％～74.2％。

一氧化碳爆炸的条件是：①一氧化碳浓度处于其爆炸上限和下限浓度之间；②有足够的空气或氧化剂；③有效的火源。只有在这三个条件同时具备时，才有爆炸的危险。

密闭电石炉炉气净化流程，通常有设置粗气风机和不设置粗气风机两种，即过滤器采用正压和负压操作两种。

采用负压操作，一氧化碳不易外泄，故不会发生环境中的一氧化碳爆炸，但系统设备管道如果存在泄漏点，则可能使空气吸入系统，使设备管道内的一氧化碳浓度达到爆炸极限，这时如果有高温、静电火花、雷击、敲击设备管道、撞击设备管道等状况时，会发生爆炸；如果采用正压操作，在粗气风机之前的系统设备管道仍为负压，同样不会发生一氧化碳外泄，但存在设备管道内部爆炸危险；过滤器采用正压操作，如果设备、管道存在泄漏点时，一氧化碳会发生外泄漏，如果漏点泄漏量较大，且厂房较为封闭，有可能在局部区域达到爆炸浓度，如果遇环境中存在明火、金属敲击、撞击产生火花等现象时，会发生爆炸危险。

净化系统往往单独布置，且净化厂房多采用敞开式框架结构，故在实际生产中，区域的一氧化碳爆炸并不多见，净化系统的一氧化碳爆炸事故多发于负压系统的炉气冷却器及过滤器的爆炸。所以系统的密封良好尤为重要，平常生产时必须加强设备管道的维护检修，及时消除泄漏点，保证设备、管道系统良好的密封性。

净化系统设备管道必须做好防雷、防静电接地，避免静电火花的产生；设备、管道运行中，不得在设备和管道上敲击。净化厂房应敞开通风良好，区域内严格禁烟禁火；操作中密切关注炉气组分的变化，发现异常必须及时检查消漏，必要时必须及时系统停车，检查处理故障，避免爆炸事故的发生。

16. 净化系统发生一氧化碳中毒事故

环境中一氧化碳允许浓度为≤30mg/m^3，高于该浓度时，人员易发生中毒。

过滤器采用负压操作时，一氧化碳不易发生外泄漏；如果过滤器采用正压操作时，过滤器部分设备管道可能发生外泄漏，造成环境一氧化碳浓度超标。因此必须加强设备管道的维护检修，及时消除泄漏点；保持厂房的敞开通风，必要时设置强制通风设施；操作人员巡视时，必须随身佩戴便携式一氧化碳报警仪，同时巡视时必须二人一组，且前后分开。采取以上措施可以有效防止环境内的一氧化碳中毒。

净化系统一氧化碳中毒事故通常还发生在进入系统检查、检修时的不规范处理。如果进入净化系统的冷却器、过滤器检查、检修前未经系统隔离、气体置换等工作，人员进入极易发生一氧化碳中毒。所以需要进入设备内部检查检修前，必须在电石炉粗烟气管道与净化系统管道之间设置盲板，或在净化系统管道与待检修设备之间设置盲板，将系统与电石炉炉气总管道彻底隔离。因为蝶阀存在一定的泄漏量，操作中如果只关闭净化系统粗气蝶阀，不堵盲板，存在严重的安全隐患。设备管道内的气体置换工作也至关重要，必须经过氮气气体置换，彻底排除设备管道系统内一氧化碳有毒气体，再经空气置换合格后，人员才允许进入设备内进行检查检修或更换滤袋（滤管）。

17. 净化系统发生窒息事故

净化系统发生窒息事故多见于净化系统空冷却器、过滤器的入器检修作业。

按正常的设备检修交出程序，在电石炉炉气总管与净化系统粗气总管之间设置盲板隔离，对检修系统进行氮气置换和空气置换合格后，对待修设备进行气体取样分析，设备内一氧化碳含量小于30mg/m^3、氧气含量大于18%时方为合格，检修人员方可进入设备内部进行检查、检修。

由于设备氮气置换管阀门存在微量泄漏的原因，氮气持续进入设备内部，可能造成检修人员发生窒息事故。另外，设备内部过于狭小，或检修人员进入作业时间过长、检修人员进入数量过多等原因，也可能造成人员呼吸困难，甚至窒息。

所以检修人员进入净化系统密闭设备进行检修作业时，在设备口应设置通风设备，对密闭设备内部进行强制通风换气。检修人员进入设备作业时间不要过长，人员数量不要过多，可以安排检修人员分班定时轮换进入。检修作业过程中，在设备口应设置专人监护，一旦发现设备内人员有异常情况，立即组织施救。

18. 行车吊运时发生人身伤害事故

行车运行过程中可能发生吊物、吊钩、夹具等撞击地面人员，造成人身伤害，因此行车启动前必须打铃，确认行车下方吊钩前进路线上无人员或杂物后，方可启动；行车作业区域应设置隔离措施，严禁无关人员进入。吊运过程中发现有人员进入作业区域，应立即停止作业，待地面人员离开作业区域后再恢复行车作业，严禁吊运电石从人员的上方通过。

吊运电石时，电石块离地面应不小于2m，避免与地面物体发生相撞，电石块掉落伤人。起吊电石时，必须确认夹具夹牢后方可起吊，防止电石块坠落砸伤地面辅助作业人员。禁止吊运氧气瓶、乙炔气瓶、油类、水等物质在冷却厂房内通过，防止氧气瓶、乙类炔气瓶坠落时发生爆炸，防止油、水泄漏到电石块上，产生乙炔气，发生燃烧爆炸。

行车吊运电石时还需要与地面辅助作业人员配合密切，待地面辅助作业人员给出明确信号后方可起吊，避免地面作业人员手指被夹具夹住，造成肢体伤害事故。地面辅助作业人员在电石块起吊后应立即后退离开，防止电石块掉落砸伤。夹吊电石块必须待电石块在电石锅中有足够的冷凝时间，保证电石块已完全凝结成块方可起吊，防止起吊时电石中心液体电石流出烫伤地面辅助作业人员。如果起吊电石块时发现在锅底粘住带出，地面辅助作业人员必须在确认夹具将电石块夹紧牢固后，方可用圆钢棒将锅底撬松脱落，防止在撬动的过程中电石块突然掉落，砸到圆钢棒造成人身伤害。

发现行车限位开关或刹车装置失灵、不可靠时，必须立即停止使用，必须待限位开关、刹车装置修复后方可使用。二台行车对向开车时，车速不能高于三级，最小间距应大于 9m，防止两台行车相撞，严重撞击有可能造成行车偏移坠落。

行车在检修时，必须切断电源，并在电源开关挂设“严禁启动”牌子，防止有人误操作，造成检修人员伤害事故。操作、检修人员进出行车时，必须从安全梯上下，并待行车停稳后，方可登上行车。严禁从一台行车跨越到另一台行车，或行车未稳时急于跨越，防止人员从行车跌落伤害。

行车供电系统应有备用电源；如果没有备用电源，当突然断电，行车停在中间，操作人员无法下来时，操作人员应做好停车措施，在操作室等待供电或救援，不得尝试从轨道上行走，防止坠落事故的发生。

19. 电石破碎机、运输机运行时发生人身伤害事故

破碎机破碎电石过程和运输机运送过程中易发生操作人员肢体卡入破碎机、运输机伤害、碎电石崩出伤人、铁件工具撞击伤害、热电石烫伤等。

破碎机、运输机近旁应设置应急开关，破碎机破碎电石工作时及运输机运输时，如果发生破碎机、运输机卡阻，必须停电，切断应急开关电源。如果近旁未设置应急开关，则应切断总电源开关，在开关处挂置“禁动”牌，并有专人监护，才能用工具将破碎机、运输机内的卡阻物取出，严禁在破碎机、运输机工作时用手直接取出卡阻物或用脚踩踏卡阻物，避免人员肢体进入破碎机、运输机造成伤害。也不允许在运行时用铁件工具直接敲击、撞击卡阻物，避免铁件工具进入破碎机、运输机后改变方向，打击操作人员，造成伤害。

操作时操作人员头部应避免处于破碎机正上方，以防破碎时碎电石因挤压力向上弹射崩伤操作人员头部造成伤害。

堆放电石时应严格按班次堆放，并做好标记，避免过热的电石进入破碎机，碎裂时热电石崩出造成操作人员烫伤。

20. 电石成品除尘器清运粉灰时发生烫伤事故

电石成品除尘器收集的粉尘主要是电石在破碎、输送过程产生的粉尘颗粒，其主要成分为电石中夹带的未反应的氧化钙、炭素，以及碳化钙和电石中的一些其他杂质。经检测，粉尘中大约有100L/kg左右的发气量。

大部分企业在电石成品除尘器粉尘清运时没有密闭车辆，在清运时为避免粉尘飞扬造成二次污染，采用喷水的方法。如果喷水量较少，仅造成靠近粉尘堆底部的局部浸湿，粉尘中的氧化钙和碳化钙遇水反应放出热量，热量积聚使粉尘温度上升，乙炔气自燃并引燃粉尘中的炭素成分。有时粉灰堆表面盖有一层干粉尘，难以发现下层的燃烧现象。清运人员不注意踩入粉灰堆时，易发生脚部的严重烫伤事故。

所以在电石成品除尘器粉灰清运、综合利用时，应尽量采用全干法处置，密闭运输。如果缺乏密闭车辆，采用敞开车辆运输，为避免在道路运输过程中产生严重的二次污染，必须采用湿法处置。则应尽量将除尘灰摊开，并用水浸透搅拌均匀，或直接将粉灰放在灰池中用水浸没，可以避免除尘灰的自燃现象。

第二节 典型事故案例分析

一、设备漏水引起爆炸事故

（一）事故经过

2006年6月25日晚班18:00左右，内蒙古某化工有限公司电石厂3号电石炉中控人员16:30交接班时发现炉气压力波动大，塌料频繁。经询问原材料质量，得知炭材水分偏高（兰炭水分为4.13%，焦炭水分为2.72%），操作人员即认为塌料频繁是炭材水分高引起的，不再严加注意。18:00左右，二楼炉面突然传来一声巨响，火花四溅，烟气弥漫。紧接着东墙的一整扇窗户震落到一楼地面，当场成为碎片，所幸无人员伤亡。

（二）事故原因

（1）巡检人员警惕性不高。特别是塌料频繁之时，对设备漏水没有引起足够的重视。

（2）1号电极411密封套水路漏水。

（3）中控人员的敏感性不强。对原材料水分高与设备漏水引起的塌料不能准确判断。

（4）中控人员没有及时向上级汇报生产异常，而是自作主张，一拖再拖。

（三）预防措施

（1）巡检人员加大巡检力度，特别是生产不正常，频繁塌料的时候，更要点面俱到，密切关注冷却水系统压力、流量、温度的变化。

（2）尤其要密切关注烟气成分变化的趋势，当烟气氢含量突然变化或变化幅度较大时，必须停炉检查。

（3）中控人员要提高敏感性，加强业务学习，掌握各类事故的判断和处理。

（4）巡检人员应加强自我防护，巡检时尽量远离炉门或不正对炉门。

（5）建立畅通的沟通渠道，养成良好的汇报习惯，及时汇报生产中的各类异常情况。

二、一氧化碳中毒事故

（一）事故经过

2000年11月3日14时15分，内蒙古某电石厂当班维修工李某在维修工赵某的陪同下进入烘干筒进行检修。下午14时李某在对贮料仓及热风管道进行CO气体排空后，切断电源停机。14时15分李某独自一个人进入烘干筒内，维修工赵某在场外监护。在李某进入烘干筒内不到2min时，赵某接到班长电话通知，返回维修室取检修工具，赵某与筒内李某取得联系后离开。待赵某30分钟左右返回检修位置与李某联系时，发现李某已中毒倒地。赵某迅速与班长联系，进入筒内将李某用绳索吊出，不幸的是李某中毒时间过长，当场死亡。

（二）事故原因

（1）进入容器内没有进行安全隔绝，没有对容器进行有效的置换通风，李某在进入烘干筒后并没有打开烘干筒出料端的法兰盖对烘干筒进行通风置换新鲜空气。

（2）在进入烘干筒前没有对烘干筒按时间要求做气体安全分析。

（3）没有按规定佩戴防护用品，在进入烘干筒前李某未携带CO气体检测仪。

（4）维修工赵某在外监护不力，没有坚守自己的岗位。

（5）班长违章指挥，当班班长在明知赵某在烘干筒外监护维修时，还要求赵某返回。导致李某独自一人在烘干筒内中毒身亡。

（三）预防措施

（1）严格执行进入容器的八个必须。

（2）对操作人员定期做相关安全知识教育及测试。

（3）配备安全防护用品，提高操作人员的自我防范意识。

（4）对于发生的各类事故，严格按照“四不放过”原则进行处理，决不姑息迁就。

三、气体置换不合格导致爆炸事故

（一）事故经过

青海某电石公司于2003年4月9日上午停3号布袋除尘器，置换后进行内部布袋的检修。在打开过滤器上部的气室盖时有一螺栓锈蚀，维修人员遂用氧割去割开，刚一动火，过滤器内部即发出一声爆鸣，将内部的布袋全部烧毁，所幸无人员伤亡。

（二）事故原因

（1）直接原因

a. 停过滤器检修置换时未检查氮气压力，氮气压力不够，置换时间短；

b. 动火作业前未进行动火分析合格；

c. 检修人员违章作业。

(2) 间接原因

a. 管理不到位，未严格执行《动火作业规程》；

b. 维修人员安全意识淡薄。

（三）预防措施

(1) 布袋除尘器检修必须按要求进行严格的置换。

(2) 动火作业前必须进行动火分析合格。

(3) 加强对员工的安全培训，提高其安全技能和安全防护意识，杜绝违章作业。

四、电石炉长时间停水事故

（一）事故经过

2003 年 9 月 25 日早班，内蒙古某电石厂循环水站输送电源线路故障造成 2 号电石炉循环冷却水泵跳闸。循环水操作工李某发现后，在未及时向中控岗位操作工邓某及班长汇报的情况下准备启柴油机进行供水以满足电石炉的生产。但柴油机因长时间未进行盘车、试用，在启动中不是很顺利，时间长达 15min。同时中控岗位操作工、巡检工也没及时发现水温及流量的变化，停炉不及时，在断水 7min 后炉盖被烧坏，大量残余水流进电石炉发生爆炸，将整个炉盖、二楼电极设备炸毁，炸死 2 人，炸伤 3 人。

（二）事故原因

(1) 中控岗位操作工、巡检工工作不认真，对出现的异常情况未能及时发现做出停炉处理。

(2) 系统联锁报警设施不齐全，对系统断水未设置报警及停炉联锁。

(3) 循环水泵未设置备用电源，导致循环水泵断电后不能及时启动运行。

(4) 管理不到位，导致柴油机不能备用。

(5) 出现停水重大异常情况后循环水操作工未及时与中控联系。

(三) 预防措施

(1) 加强员工的操作技能培训及应急预案的学习，提高处理突发事件的能力。

(2) 加强巡检，提高员工的责任心。

(3) 加强备用设备的维护与保养，建立定期检查制度，确保备用设备的完好性。

(4) 报警及联锁装置必须齐全、完好。

(5) 各岗位之间要加强联系与汇报工作。

(6) 循环水泵必须设置备用电源或泵停止情况下有其他水压足够的水源供应电石炉。

五、“跑眼”引发出炉口爆炸事故

(一) 事故经过

1983 年 4 月 17 日 10 时 45 分，辽宁某电石公司电炉三班出第三炉，堵完炉眼以后，因炉内硅铁较多，出炉口发生“跑眼”。出炉工又堵了三个泥球再次堵住。铲完炉眼后，出炉工三人准备垫眼，其中一人往炉嘴送湿炭粉，炭粉刚甩出，炉眼又突然淌出一股铁水，正好与湿灰面接触产生放炮。出炉工手中的铁锹被甩出，锹把打在另一人的左上肢上，导致骨折。其他两个出炉工的脸部、胸部同时被喷出的火焰烧伤。

(二) 事故原因

(1) 炉嘴发生“跑眼”以后操作工急于垫炉眼，没有注意观察和估计到是否还有“跑眼”的可能，结果再次“跑眼”，使灼热的液体硅铁与潮湿灰面子接触引起放炮。

(2) 操作工没有按规章制度戴面具等劳保用品。

(三) 预防措施

(1) 提高出炉工操作技能，加强炉眼维护，减少“跑眼”的发生。

(2) 发生“跑眼”后，必须确认炉眼堵严堵实以后，才能进行垫眼操作。

(3) 出炉工在操作过程中必须规范穿戴劳动保护用品。

六、误判断、误操作带来的电极软断事故

(一) 事故经过

辽宁某电石厂于1983年4月27日21:45下完最后一次电极以后，电极负荷正常。约在22:40，1号电极负荷自动上升。配电员以为是出炉的正常波动，一连抬了3～5下电极。但1号电极负荷继续缓慢上升。直到22:48，只听见“呼啦”一声巨响，炉内放炮，引起1号电极二楼油缸、二楼密封圈同时起火。配电员、巡视工都以为是炉内大塌料引起，于是停电。扑火后检查炉内，发现电极糊已经淌满整个1号电极吃料口和部分三角区。同时检查三楼，发现1号电极下滑50mm左右，此时才知道1号电极由于抽芯软断了。

(二) 事故原因

本次电极抽芯软断有以下几个原因：

(1) 异常停电频繁，停电时间长，电极焙烧时间不够。从27日0:26开始，17:45止，共停电4次。6:04恢复生产以后，电极一放没有适当控制，仍然按正常生产时的次数和长度下放电极，这就使处于半焙烧状态下的糊柱下得过多。

(2) 1号电极的工作长度长。15日16点检查工作长度约1.6m，以后均以正常次数和长度下放电极，增加了电极工作端的坠力。电极工作长度，工艺要求1300～1400mm。配电员错误地认为是炉前正常波动而未加注意。接着又产生错误的操作，连续抬电极3～5次，致使电极抽芯更为严重，炉内放炮以后配电员和巡视工又都错误地认为是炉内塌料，直至停炉检查才知道电极抽芯软断，对一般事故缺乏正确的判断能力。

(三) 预防措施

(1) 严格执行工艺控制指标。按规定定时测量电极长度，并严格控制。

（2）加强日常设备维护，尽可能避免频繁停电。长时间停电后，必须保证电极充分的焙烧，焙烧完成后方可提升电极。

（3）加强员工操作技能培训，提高员工判断事故的能力。

七、电极锥形水套漏水导致喷炉伤人事故

（一）事故经过

2001年12月6日8:30左右，某电石厂正在二楼炉面进行早、中班交班。同时还有10余名检修工人集中在二楼平台，准备进行电极锥形水套漏水的故障抢修。停电后不久，工人打开四周加料口，并拆除了西侧的两块炉盖壁板，向料面加盖冷料。突然，蒸汽热浪及熔融物料从2号电极处顺打开的加料口向外喷射，造成二楼平台上40多名工人灼伤。

（二）事故原因

（1）锥形水套漏水致使炉料发生黏结，熔池内炉气不能正常逸出，熔池内压力升高而向阻碍薄弱处喷发。

（2）炉气喷发时熔池吃料口生料塌陷，表面存水漏入熔池，水与液体电石发生剧烈的反应，生成乙炔，造成剧烈的喷炉。从熔池内夹带部分液体熔融物，与炉料表面存水发生剧烈反应，生成乙炔气，并且与炉气、空气混合，在高温下形成爆炸。

（三）预防措施

（1）当发现电极炉内存在漏水现象时，应立即停电。打开烟囱放散阀释放炉内压力。待炉内压力为负压时，小心打开检修门，检查漏水部位，并关闭该路循环水控制阀。

（2）待炉料表面基本蒸发完，上下动作电极，并用圆钢长钎疏通料面，破坏蔽气作用。

（3）在确认安全前，避免操作人员、检修人员过多在二楼平台聚集。

（4）企业加强安全生产操作培训，提高员工安全生产意识，提高员工自我保护能力。

（5）严格按规定穿戴劳动保护用品。

八、新电极焙烧时发生爆炸事故

（一）事故经过

2005年12月宁夏某电石厂新建两台电石炉，于12月上旬安装完毕，下旬开始焙烧1号炉新电极。头两天电极焙烧正常，第三天电极端头已基本形成固化物，电极底部铁板消耗完毕。第四天中午，电极焙烧过程中炉内散发出大量电极糊挥发分，此时弧光也很大，无法辨别炉况，负责开车的周某见此情况开始压电极。23日晚上10时左右，另一负责人在巡查时发现电极位置较高，再次压放电极。次日早上周某发现电极弧光减弱，电流变化较快，试着提了一下电极，但见电流无变化，就再次提电极，提电极后到炉前观察炉况。刚出操作室，操作工发现电流突然下降，电石炉内冒出大量黑烟，火花四处飞溅。见此情况后迅速通知周某，周某立即下令停炉。此时炉内发出一声巨响，炉门、防爆孔全部炸飞，一名正在外面巡检的工人当场炸死，一名加电极糊工人脸部烧伤面积达80%，直接经济损失达150万元。

（二）事故原因

（1）电极压放过量，电极焙烧硬度不够造成电极变形、有裂纹，在提电极时电极断裂，电极糊外漏产生爆炸。

（2）负责的工艺员对无法辨别的炉况没有及时停炉观察，盲目操作造成电极断裂。

（3）操作人员观察不仔细，发现事故不及时，造成事故恶化。

（4）管理不当，电极糊质量差，灰分、油分过大，电极强度不够。

（三）预防措施

（1）加强员工的培训，增强员工安全防护、保护意识。

（2）严格管理，严格执行操作规程，工作认真仔细，精心操作，对变化较大的工艺要及时汇报上级领导说明。

（3）加强电极糊管理，严格电极糊验收制度，杜绝不合产品进入，防止事故再次发生。

（4）各级管理人员不能盲目操作指挥。

九、电石锅倾覆伤人事故

（一）事故经过

某年五月，宁夏某冶金化工集团发生电石锅倾覆事故，一辆负责转运的叉车当场着火燃烧，事故造成一人死亡，5人受伤。27日4时许，宁夏某冶金化工集团电石厂一满载液体电石的电石锅发生倾斜，班长指派一辆负责转运的叉车进行修正，在作业时电石锅突然滑脱倾倒，液体电石直接倒向叉车，叉车着火燃烧，电石辐射热当场将司机烧死。事故共造成一人死亡，5人受伤，叉车及部分设备烧毁。事故直接经济损失20万元。

（二）事故原因

（1）操作工操作不当造成电石锅倾斜，是本次事故的直接原因。

（2）班长安全意识淡薄，违章指挥，对电石锅倾斜没有采取合理的处理方法，造成电石锅倾倒。

（3）叉车司机未严格执行《叉车司机操作规程》，对易燃、易爆、高温的吊装物未经过任何防护就进行装载。

（4）电石厂管理不力，电石锅倾斜所属常见事故，没有制定详细的处理办法，致使本次事故的发生。

（三）预防措施

（1）加强操作工的培训，熟练操作，严格各项操作要领，对不能满足要求的设备进行更换和修复，对待违反操作的指挥要拒绝，绝对不能蛮干。

（2）对班长要进行全面培训，加强安全管理学习，只有提高了安全意识，杜绝了违章指挥才能很好地指挥生产。

（3）制定相关的制度和规程，对待事故应制定详细的预防措施和处理方法，并组织所有从业人员进行学习，防止发生事故后操作工盲目操作，酿成重大事故。

（4）液体电石锅发生倾斜时，应明确判断是否可能完全倾覆，如果可能完全倾覆，应就地放置冷却，必要时可用风机强制冷却，待液体电石冷却凝固后，再作校正复位。如果不可能发生完全倾覆时，可平稳牵引至冷却房处置。如果影响正常出炉，则应进行转眼操作。

十、加料系统发生火灾事故

（一）事故经过

1991 年 4 月 26 日下山西某电石厂发生重大火灾事故。1991 年 4 月 26 日下午 15 时 25 分，该电石厂正处于交接班时刻。当班操作工发现电石炉 12 号料仓已三小时未加料，并通知班长料仓料位仪可能已坏，班长接通知后就说："我马上去看看"。班长刚准备去看料仓，此时一楼出炉工说堵不住眼，班长便随出炉工下去，没有去看料仓。15 时 45 分接班人员到岗后进行交接班，15 时 50 分巡检工上楼巡检时发现电石炉四楼烟雾弥漫，远处伴有火势蔓延，便回头通知班长和调度。调度到达现场见火势猛烈，便后迅速拨打"119"进行抢救，经过三小时的抢救火势基本熄灭。此事故造成四条皮带全部烧毁，环形加料三台机电极及部分供电设施、部件烧坏，直接经济损失 35 万元，停炉检修设备 5 天。

（二）事故原因

（1）电石炉料仓缺料，尾气一氧化碳从料管内上升到环形加料机，一氧化碳浓度达到爆炸极限并随尾气温度上升而爆炸，使胶皮电缆着火引燃橡胶皮带。

（2）料位三小时未加料，没有引起班长重视，操作工在操作时没有认真仔细观察仪表变化，电石炉正常生产时料仓若一小时未加料，就必须指派巡检人员进行检查，防止一氧化碳上逸产生爆炸，或者架空后破坏料嘴。

（3）巡检工没有肩负责任，巡检不认真或者没有巡检，造成此次事故的发生。

（4）电石厂对员工培训不到位，管理松懈，仪表工没有定期检验料位仪，料位仪故障较多。员工对类似现象不重视，习以为常，导致此次事故的发生。

(三) 预防措施

(1) 任何事故是麻痹造成的，操作人员要严格执行操作规程，对于不正常现象要及时反映和处理，尽量避免事故的发生。

(2) 加强操作工的培训，不合格员工应立即离岗培训，严禁上岗操作，培训合格后方能上岗。不能胜任职责的员工应进行辞退。

(3) 严格管理，培训管理人员的工作责任心，制定完善的管理制度，从源头杜绝事故的发生。

(4) 对电石炉设备仪表要高度重视，定期进行检查和校验，防止仪表显示不准确而发生重大事故。

十一、炉气灼伤事故

(一) 事故经过

2003 年 12 月 15 日 1 点左右，内蒙某公司电石分厂 1 号电石炉经过 5 天的停炉后重新启炉至电极焙烧阶段时，电石分厂工艺主管、生产运行主管和当班班长逐个打开观察门观察电极焙烧成熟程度及电石炉内情况。当打开 1 号电石炉 5 号观察孔时，从炉内冲出热浪，将当班班长双手和右脸烫伤。

(二) 事故原因

(1) 当班班长安全意识淡薄，自我防护意识差，未按要求佩戴齐全劳动防护用品。

(2) 长时间停炉，现场人员工作经验不足，当观察料面时恰逢 3 号电极硬断引发此次烫伤事故。

(3) 对待员工培训不重视，员工业务操作不精，开炉门时应站在炉门侧面，而不是正对炉门。

(三) 预防措施

(1) 加强员工的二、三级安全教育，以增强每位员工的安全意识，提高自我防护能力。

(2) 加强安全管理工作，要求员工严格执行《劳动防护用品管理规定》，坚决杜绝“三违”现象。

（3）加强员工培训，严格执行操作规程，对于违反的严格进行处理，杜绝事故再次发生。

（4）开启炉门时，操作人员必须站在炉门的侧面，不得将身体正对炉门。

十二、电石烫伤事故

（一）事故经过

2004年2月18日中班接班后。内蒙某电石厂1号电石炉卡锅工李某与天车工配合吊电石坨。由于热电石坨与电石锅黏在一起，于是打算将电石锅放回原位。当李某前去观察情况时，电石锅因在轨道上未放稳而翻在地上，电石立即四处飞溅。电石溅到李某的左脚上而发生烫伤事故，事故造成李某左脚烫伤90％以上，医药费损失3.5万元，四个月未上班。

（二）事故原因

（1）电石厂安全管理不到位，二、三级安全教育不到位。

（2）卡锅工与天车工违章作业，热砣未到规定冷却时间就进行吊坨操作。

（3）员工安全意识淡薄，未意识到热坨存在的不安全因素。

（4）卡锅工在观察情况时，未采取安全措施，并且未穿防护鞋，劳动防护用品穿戴不齐全。

（5）电石锅锅底垫料厚度不够，致使电石与锅底粘连。

（三）预防措施

（1）加强二、三级安全教育，提高员工安全意识，增强员工自我保护意识。

（2）加强安全管理，严格要求员工按照操作规程作业。

（3）加大对员工劳动防护用品穿戴情况的检查力度，严格执行落实《劳动防护用品管理制度》。

（4）制定电石锅锅底垫料标准，要求员工严格按照标准作业，对不合格的电石锅进行更换。

十三、一氧化碳中毒事故

（一）事故经过

2005 年 2 月 5 日 14 点 15 分左右，内蒙某公司电石厂电石炉巡检工高某一人去电石炉四楼人工操作设备给电石炉进行加料。加料过程中高某一氧化碳中毒晕倒。14 点 40 分，电极壳焊接工张某上四楼焊电极壳时发现高某一氧化碳中毒倒地，立即将高某抬至一楼，联系车辆送医挽救。

（二）事故原因

(1) 气压不足导致电石炉四楼环形加料机刮板不能动作，加料操作由自动变为手动，必须人工现场操作加料，致使高某上楼进入一氧化碳扩散区作业，造成一氧化碳中毒。

(2) 员工违章作业，在危险部位现场作业时，未携带一氧化碳气体检测报警仪，未按规定实行双人巡检制，无人监护。

(3) 电石厂对安全问题不够重视，员工安全意识淡薄，自我防护意识差。

（三）预防措施

(1) 加强安全教育，提高员工的安全防护意识，对高危区域设立固定一氧化碳检测仪，并在醒目处悬挂明显的安全警句标语。

(2) 严格按规定要求员工进入危险区域工作时，必须携一氧化碳气体检测报警仪，并实行双人巡检制。

(3) 加强设备的日常维修保养，出现故障及时排除，以免因设备故障而造成伤人事故。

十四、乙炔气爆炸

（一）事故经过

2006 年 1 月 21 日晚 0 点 30 分，某电石厂冷破包装工序乙班班长接班后安排巡检工王某、李某例行巡检设备、皮带，准备上料，破碎工开始破碎电石。大约在 0 点 50 分左右，刚破碎完第三砣电石时，听到冷破料仓方向发出巨大爆炸声。随后赶到现场，发现包装料仓已被炸毁，三、四楼楼板及房顶部分坍塌，南北墙及窗户严重损坏，东西包装线部分栈桥损坏，皮带机头下坠皮带断裂，包装库房顶有几处被飞出物砸漏。此次事故造成破碎线停运25小时，设备损失30万元，幸亏无人员在现场，未造成人身伤害。

（二）事故原因

（1）停车时间较长，降雪较大而且时间长，空气湿度大，导致料仓内电石分解产生乙炔气体，乙炔气体浓度过大。

（2）料仓口紧靠栈桥窗口，人孔盖未盖，雪飘入料仓；皮带上有积雪，由于巡检工安全意识淡薄，未严格落实岗位职责，巡检不到位，未发现料仓内和皮带上有积雪，未做任何处理即开启了皮带，致使皮带上的积雪进入料仓，与料仓内的电石发生化学反应，产生了大量的乙炔气体，当电石进入料仓时，因撞击产生火花，发生爆炸。

（3）冷破包装工序主管、当班班长安全意识淡薄，管理工作有疏漏。

（三）预防措施

（1）各级检查落实不到位，对下层员工管理不严，造成长时间不按规定巡检，形成习惯性违章。

（2）员工安全意识淡薄，对雪雨天会给电石破碎包装带来的危害认识不够。

（3）加强安全教育，提高员工的安全意识，严格落实岗位职责和交接班制度，坚决杜绝习惯性违章。

（4）遇雨雪天要在保证正常通风的条件下，及时采取关闭迎风窗户、封闭料仓口等有效防范措施，料仓进料前，要对皮带及相关设备、设施进行彻底清理，料仓内部通风置换，做化学分析，合格后方可进料。

（5）电石成品料仓应配置氮气接口，必要时应先氮气置换，料仓内气体取样分析合格后再进行破碎送料操作。

十五、机械伤害事故

（一）事故经过

2006年7月28日早8点30分左右，某电石厂石灰窑工序丙班班长接班后，安排巡检工王某、李某例行巡检设备。8 点 50 分左右，王某开启石灰窑 1 号上料皮带检查，发现皮带在运行时有跑偏现象。王某随即翻越安全防护栏到该皮带北侧，用脚踹正在运行的皮带进行检查和处理，李某则在皮带南侧检查托辊的运行情况。李某在检查托辊过程中突然发现皮带出现跳动，抬头发现王某右腿被皮带绞住，立即停止皮带运行。随后通知有关人员到现场抢救。经医生确诊，王某右腿小腿骨折，耻骨连结错位，膝盖内侧韧带撕裂。

（二）事故原因

（1）未办理检修作业票证、落实安全防护措施即盲目作业。

（2）巡检工违章作业，翻越安全防护栏，用脚踹正在运行的皮带，未执行设备《检修安全操作规程》规定的检修运转设备必须断电挂牌确认后方可作业。

（3）二、三级安全教育不到位，巡检工安全意识淡薄，自我防护意识差。

（4）岗位员工配置不足，流动性较大，新员工基本素质偏低，安全教育工作不能很好地落实到位。

（5）生产现场作业环境较差，工作情绪受到一定影响。

（三）预防措施

（1）任何运转设备检修必须断电挂牌确认、落实好安全措施后方可作业。

（2）加大二、三级安全教育及班组长安全培训力度，提高员工的安全防护意识。

（3）加大各级安全生产监督检查。

（4）按岗位要求将人员配置到位，并采取切实可行的措施，提高新员工安全素质及安全操作技能。

（5）积极改善现场作业环境。

十六、电石喷水发生爆炸事故

（一）事故经过

河北省某电石厂电石车间 1 号炉二组接班后，组长担心第一炉质量偏低，决定与第二炉合并准时出炉。出炉完毕，电石锅牵引到冷却厂房进行吊装。17:46 炉眼突然穿透跑眼。此时炉眼下方因未来得及放好备用锅，造成约 0.5t 液体电石流到地面上。17:52 电炉停电后方才堵住炉眼。18:01 电石炉送电恢复正常运行。18:42 第二次跑眼，又一次停电将炉眼堵住。此时，1 号炉转入压负荷停电。两次跑眼流到地面的电石约 2～3t。20:20 开始清理现场。由于事先缺乏合理的组织部署，现场作业人员未能采取分班作业。当撬起一大块硬壳后，暴露出来的电石有少量呈液态。由于高温灼烤无法靠近作业。操作工向电石上喷水降温。喷水过程中电石与水接触爆炸，9 名员工面部被灼伤或被物体击伤。

（二）事故原因

（1）操作人员思想麻痹，违反操作规程。对高温电石盲目用水降温，造成液体电石与水接触，是导致这次事故最主要的原因。违反该厂《安全规程》：出炉岗位及轨道附近地面应保持干燥，严禁液体电石与水接触，防止爆炸伤人。

（2）事故班组在正常情况下连炉出炉作业。

（3）炉眼未堵好，同时炉眼下方未及时放置空锅防跑眼。

（4）现场作业面狭窄，作业人员拥挤。

（5）两炉频繁压负荷停电，电炉的正常作业秩序受到干扰，同时两炉炉况不同程度的恶化，给电炉正常生产带来困难和威胁。

（三）预防措施

（1）严格执行操作规程。正常情况下必须按时出炉，不许连炉，避免因准备工作不充分或采取措施不力造成电石流在地上。

（2）一旦发生电石泄流事故，组长必须向上级管理部门报告。清理工作一定要在上级管理部门部署、组织下，由当班组长统一指挥，合理组织分工，严格按安全规程作业。

（3）清理电石时禁止用水降温，可用风机进行强制通风冷却，严禁液体电石与水接触，防止爆炸伤人。

十七、机械伤害事故

(一) 事故经过

1999 年 6 月 20 日 16:00 左右某厂车间维修工杨某，对分管的系统设备例行检查时，发现 2 号皮带机上有原料渣。杨某怕麻烦图简便，在没有停机的情况下进行冒险违章操作，用手去拨原料渣，致使右臂被皮带机绞入，造成左胸 5 根骨头骨折，肺部被肋骨刺穿的重伤事故。

(二) 事故原因

(1) 维修工图简单省事进行违章作业。

(2) 未按规定执行安全作业规程，皮带机上作业时未断电挂牌。

(3) 袖口没扣好，没穿戴好工作服。

(4) 没设专人监护。

(三) 预防措施

(1) 运转设备上作业一定要按规定执行，提前办理安全作业证。

(2) 认真落实安全措施，运转设备停机检修时必须断电，挂牌。

(3) 设专人监护。

(4) 穿戴好防护用品。

(5) 认真遵守操作规程，禁止违章作业。

十八、吹氧致人员烧伤事故

(一) 事故经过

2006 年 12 月 26 日凌晨 3 点 40 分左右，电石炉出炉人员使用烧穿器烧眼，未烧穿。经联系后用氧气吹穿炉眼，吹氧过程中因出炉班长孙某氧气开得太大，往炉眼捅的劲太大，致电石炉内压力突然增大，回火将胶管与铁管连接冲击脱落，此时因吹氧钢管太短，出炉口附近大量的液体电石飞溅到他的脸部，把脸部大面积烧伤，事故造成当事人孙某住院治疗 45 天。

(二)事故原因

(1) 出炉班长孙某安全意识不强，冒险蛮干。劳动防护用品配戴不全，安全防护面罩未戴，自我防护意识差是造成本次事故的直接原因。

(2) 开氧气出炉工张某工作责任心不强，配合不当，氧气阀开启太大是造成本次事故的主要原因。

(3) 对员工安全教育不够，对劳动防护用品配戴要求不严是造成本次事故的间接原因。

(三) 预防措施

(1) 加强员工业务技术培训，严格执行劳保用品规范穿戴。

(2) 加强考核力度，严格执行制度化、程序化。

(3) 定期对员工进行安全教育培训，培训一次，考试一次，对考试不合格者严禁上岗，直到培训考试合格才能重新上岗操作。

十九、油系统泄漏引起火灾

(一) 事故经过

2004 年 6 月 5 日内蒙古某化工厂电石分厂 3 号电石炉液压系统发生着火事故，经消防官兵和分厂职工奋力扑救，于 6 月 5 日上午 9 时 28 分将火扑灭。是 6 月 5 日早班巡检工李某发现，着火部位位于 3 号电石炉三层半压放平台。由于压放平台积有大量油渍，尤其是 1 号电极筒液压平台积有大量油渍。早班电极筒焊接工在四楼焊接电极筒的过程中由于大量的火星溅落到三层半压放平台上，最终因火星引燃油渍，酿成着火事故。本次事故造成经济损失 8 万元，停炉 3 天。

(二) 事故原因

(1) 3 号炉是 2002 年 9 月开炉的，运行过程中长期疏于管理，对设备缺乏维护保养。三层半电极液压系统由于液压橡胶管老化，一直都出现漏油现象，液压油大量积存在液压平台上。

(2) 巡检工工作不到位，积存在液压平台上的油渍未及时清理，导致油渍越积越多，油渍遇到火星酿成火灾。

(三) 预防措施

(1) 巡检过程中要严格注意各设备的运行情况，注意每个接触部位是否紧密，是否漏油或渗油。

（2）若发现设备有跑、冒、滴、漏的现象，应及时联系处理。

（3）若该部件漏油，渗油现象当时不能处理的，应通知其他巡检工密切注意观察该部件，防止漏油、渗油事故的扩大，并做好现场的维护工作，防止漏出的液压油遇明火引起火灾。

（4）及时通知电极筒焊接工，做好安全隔绝措施，防止焊接过程中溅出的大量火星掉落到油渍上。

（5）在四楼接续电极壳作业时，在三楼半应设专人监护。或在三楼半设置火灾监视探头，信号接至中控操作室，在接续电极壳作业时，由中控操作人员进行严密监视，一旦发现着火现象，立即处置灭火，将火灾消灭在初起之时。

（6）平时应加强消防演练，要求操作人员人人会正确、熟练使用消防器材。

二十、乙炔气体聚集导致燃烧爆炸事故

（一）事故经过

2005年6月7日，浙江某化工厂，发生了一起重大火灾爆炸事故。下午2点，该厂电石破碎车间，突然发生大火及爆炸，火势迅速蔓延，浓烟迷雾。现场破碎工3人，天车工1人，因浓烟窒息。爆炸后的巨大爆发力，飞起的物体把人砸伤。经有关部门迅速抢救，该事故引起一人窒息死亡，3人不同程度烧伤及砸伤。

（二）事故原因

（1）破碎车间通风装置损坏后未及时进行检修，破碎车间环境通风不良，导致工作区域乙炔气体积聚，局部乙炔气含量过高。

（2）员工在车间安全意识不强，在岗位上吸烟，引发火灾及空间爆炸。

（三）预防措施

（1）定期对破碎车间通风设备检修和保养，确保车间通风装置设备完好。

（2）加强员工对危险场所作业规程的学习，提高其安全意识。

（3）电石破碎作业场所严格禁烟、禁火。

(4) 加强安全管理，对不遵守安全规程和制度的人员严加考核，杜绝安全违章。

二十一、受潮电石渣遇热电石发生爆炸

(一) 事故经过

内蒙古某电石厂，出炉工王某在出炉时，将上个班留下的潮湿电石渣用铁锹丢入锅内，引发液体电石爆炸。爆炸飞溅出来的热电石碎屑飞溅到王某的鞋里，而他在逃离至安全区域时才发现，由于刚好在这个班没穿棉布袜，导致热电石烫伤了左脚。

(二) 事故原因

(1) 王某违反电石安全操作规程，在明知电石遇湿会爆炸的情况下仍盲目作业将受潮的电石渣倒入热锅内。

(2) 王某在上班期间，劳动防护用品穿戴不齐全，安全防范意识淡薄，安全教育不够。

(3) 交接班制度不严，上班对班内积存的潮湿电石渣未作妥善处理。

(4) 班长在班前对员工的劳保穿戴检查不够重视。

(三) 防范措施

(1) 班组长在班前必须检查班员的劳保穿戴。班中也应随时检查，穿戴劳保不齐全不准上岗。

(2) 所有员工时刻强调安全生产的规范和教育。

(3) 定期进行安全教育，开展电石生产的安全知识讲座。

(4) 严格交接班制度的执行，班内积存的潮湿电石渣，应在班内妥善处置，清运至作业区域外。未及时清运出去，接班者应及时指出，不予接班，整改后再接班。

(5) 加强现场的管理，确保岗位干净整洁无杂物。

二十二、一氧化碳泄漏中毒事故

(一) 事故经过

2004 年 6 月 3 日 9 时青海某电石公司张某、李某二人一前一后

到五楼空冷器、过滤器等设备处巡检。当巡检至3号布袋除尘器上部反吹电机处时，张某突然觉得头昏，随后昏倒。走在后面相继2m的李某见此情况立即打电话通知班长戴上一氧化碳防毒面具后将张某背至一楼通风处，并迅速给张某输氧，10min后张某才醒转。经检查确认为一氧化碳泄漏中毒。

（二）事故原因

1. 直接原因

（1）3号布袋除尘器上部一气室盖板密封胶因长期未更换而老化密封不严，导致一氧化碳气体从此处大量泄漏；

（2）巡检人员巡检时未随身携带便携式一氧化碳报警仪；

（3）巡检人员安全意识淡薄、防护意识差。

2. 间接原因

（1）管理不到位。巡检时规定必须随身携带便携式一氧化碳报警仪，但巡检人员怕麻烦长期不带，管理人员对此现象熟视无睹，未严加考核、强制落实；

（2）对设备未制定周期性检查、检修计划。

（三）预防措施

（1）巡检时必须随身携带便携式一氧化碳报警仪。

（2）加强对设备的维护和检查，做好定期检修。

（3）加强对员工的安全培训，提高其安全技能和安全防护意识。

第三节 事故预案

一、事故应急预案的指导思想

为积极应对可能发生的危险化学品安全事故，有序、高效地组织指挥事故抢险救援工作，防止因组织不力或现场救护工作混乱，延误事故救援，最大限度地保护员工的健康和安全、减少财产损失、保护环境，根据国家相关法律、法规，结合公司实际情况，编制公司的事故应急预案。

二、事故应急预案的目的

事故应急预案说明了公司应急救援组织拥有的资源和动作方法，处理可能发生的各种紧急情况，以减少事故的损失，保护员工的健康和安全。

三、事故的应急救援组织

应建立公司事故应急救援领导小组和各专业应急工作小组。

应急领导小组和工作小组成员必须履行各自的职责。所有的应急活动必须在公司应急领导小组的统一领导下进行，统一指挥，步调一致。

四、电石厂危险有害因素（见表2-1）

表2-1 电石厂危险有害因素

序号	所在单元	主要危险、有害因素	一般危险、有害因素
1	电石单元	灼伤、爆炸、CO中毒	电气伤害、机械伤害、粉尘危害、高处坠落、火灾
2	石灰单元	爆炸、灼伤、CO中毒	电气伤害、机械伤害、粉尘危害、高处坠落、火灾
3	烘干单元	爆炸、灼伤、CO中毒	电气伤害、机械伤害、粉尘危害、高处坠落、火灾
4	电气单元	触电、电气火灾、爆炸	高处坠落
5	仓储运输单元	车辆伤害、起重伤害	火灾、爆炸
6	工业卫生单元	高温、粉尘、噪声	高温、粉尘、噪声

五、事故应急预案的编制、审批和演练

事故应急预案由公司安全管理部门负责编制，由公司技术负责人审核，由公司第一安全责任人批准，颁布执行。

事故应急预案由公司事故应急领导小组负责制定演练计划，事故应急工作小组负责演练的组织实施。

重大事故应急预案应每年至少演练一次。一般事故应急预案每年至少演练二次。通过演练验证预案的有效性，提高员工应急能力，总结、分析演练过程中暴露出的不足和问题，并加以改进。

六、应急领导小组和工作小组职责

（一）应急领导小组

（1）组织、监督应急预案的编制、修订工作。

（2）负责制定应急预案的演练计划，并监督演练计划的落实工作。

（3）组织应急救援专业队伍。

（4）检查督促做好重大事故预防措施和应急救援准备工作。

（二）事故应急指挥部

（1）发生重大事故时，由指挥部发布和解除应急救援命令。

（2）组织、指挥救援队伍实施救援行动。

（3）组织事故调查，总结应急救援经验教训。

（三）总指挥

负责应急救援行动的整体组织、指挥。

（四）副总指挥

协助总指挥负责应急救援行动的具体指挥。

（五）排险工作组

（1）负责排除险情。

（2）抢救受伤受困员工。

（3）抢救公司财产。

（六）联络工作组

确保通讯畅通，以及负责内外联络工作。

（七）疏散工作组

（1）根据事故发生的情况，负责将事故影响区域内的员工按预案确定的疏散路线疏散至安全地区。

（2）负责事故影响区内的检查工作，确保无人员遗漏。

(3) 负责警戒区域的警戒、隔离工作。

(八) 抢修工作组

检查设备、设施的损坏情况，对事故持续影响的故障应立即组织抢修，排除影响。

(九) 救护安置工作组

(1) 负责救护受伤员工，严重受伤的员工应立即转送医院急救。

(2) 负责疏散员工的安置工作。

七、重大事故应急措施

(一) 爆炸、火灾事故

(1) 发现火灾、爆炸事故发生后，应立即报告公司调度。公司调度立即报告公司应急领导小组负责人，按事故发生的大小规模，决定是否启动应急预案。

(2) 火灾初起、较小时，当班班长应立即组织班级人员用灭火器扑救，同时应报警。如果火灾发展至较大，应立即报警，如实报告发生爆炸、火灾的介质名称、介质数量、介质压力等参数的具体情况，并报告公司调度。

(3) 立即切断事故设备的电源、一氧化碳气输送管道阀门，将事故区域内管道隔离。电石炉液压系统发生火灾时，应关闭油泵，电石炉紧急停电。

(4) 如火灾、爆炸区域内发生可燃气体、液体泄漏，存在可能发生二次爆炸事故的隐患，或爆炸、火灾后现场产生有毒有害气体，应立即疏散影响区域内的员工至安全区域。

(5) 设立隔离区域，控制区域内车流，疏通消防通道。

(6) 爆炸、火灾事故结束后，应立即组织进行事故调查，查明事故发生原因、事故损失；对事故责任人进行经济考核直至追究刑事责任的处罚；对其他员工展开事故教育。

(7) 组织清理现场、修复设施、恢复生产。

(二) 全厂动力电跳停事故

(1) 当全厂动力进线故障跳停，全厂动力系统失电。应立即报告公司调度，并报告公司应急领导小组，启动应急预案。

（2）各生产设施紧急停车，切断电石炉净化粗气烟道蝶阀。

（3）如果公司有动力电备用进线，应立即启动备用线路，恢复动力系统供电。

（4）如果公司无动力电备用进线，应立即启动公司柴油发电设施，按公司的不同情况，恢复循环水泵、石灰窑内筒冷却风机、空分空压系统、出炉牵引机、电石冷却行车等装置的供电。

（5）视循环水供应情况，减小电石炉炉盖侧板、烟囱等部件的冷却水，全力保护电石炉电极设备高温冷却部件，密切观察各回水流量及温度情况。

（6）启动石灰窑内筒冷却风机，保护石灰窑内筒部件。

（7）如果出炉牵引机恢复供电，应立即组织打开炉眼，尽量排尽炉内电石。

（8）如果保护氮系统失压，造成有毒、有害、危险气体、液体泄漏，应立即疏散影响区域内员工。

（9）设置隔离警戒区域，严禁区域内无关车辆流通，保持道路畅通。

（10）如果循环水压力不足，电石炉部件冷却水回水发生冒蒸汽现象，应调整冷却水流量阀门，平衡各路冷却水流量。

（11）组织专业人员逐级排查事故故障点，测试线路绝缘情况，检查线路有无明显的短路痕迹。组织所有用电设施单位自查用电设施有无故障现象。

（12）如果发现某路馈线开关送电时跳闸，或引起进线开关保护跳闸时，应立即停止送电操作，逐级排查，直至查明故障点。

（13）排除故障，恢复动力系统供电。

（14）如果电石炉部件冷却水回水发生过冒蒸汽现象，电石炉应解体检查各绝缘、密封设施是否良好，更换损坏部件，修复受损部件，恢复生产。

（15）应组织进行事故调查，查明事故发生原因、事故损失；对事故责任人进行经济考核直至追究刑事责任；对其他员工展开事故教育。

（三）系统停水事故

（1）当发生全厂循环水泵失电，造成供水系统失压时，应立即报告公司调度，启动应急预案。

（2）电石炉等循环水用水设备应立即停电停产，切断电石炉净化粗气烟道蝶阀。

（3）如果有循环水泵备用供电进线，应立即启动备用供电进线供电。

（4）如果没有备用供电进线，有柴油发电机，应立即启动柴油发电机，恢复循环水系统供电，保持供水压力。

（5）如果只能部分恢复循环水供电，供水压力不足，则应关闭停运转动设备（如风机）的冷却水，关小电石炉炉盖侧板、烟囱等部件的冷却水，全力保证电石炉电极部件、空分制氮设备的冷却水，尽量保持空分制氮系统运行。

（6）组织专业队伍排查事故故障点，并排除故障，恢复正常生产。

（7）对用水设备进行检查、检修，恢复设备生产。

（8）应组织进行事故调查，查明事故发生原因、事故损失；对事故责任人进行经济考核直至追究刑事责任；对其他员工展开事故教育。

八、一般事故的应急措施

（一）电石炉炉内漏水事故

（1）当电石炉发生炉内大量漏水时，立即紧急停炉，关闭所有冷却水阀门。

（2）报告公司调度，并报告车间领导。

（3）疏散炉面大多数操作人员。

（4）打开电石炉烟气放散阀，将炉内气体放散，降低炉内压力。

（5）确认炉内压力为负压时，小心打开一个检修门，开启检修门时，人员应站立在检修门侧后方，不得正对检修门。确认无危险后，再打开其他检修门。

(6) 将三相电极尽可能下落至下极限，用料埋好。

(7) 检查漏水原因，修复设备漏水。

(8) 恢复生产。

(二) 电极软断事故

(1) 发现电极发生软断事故后，应立即紧急停炉。

(2) 报告公司调度，并报告车间领导。

(3) 疏散炉面大多数操作人员。

(4) 切断电石炉净化烟道蝶阀。

(5) 打开电石炉烟气放散烟道蝶阀，将炉内烟气放散，降低炉内压力。

(6) 确认炉内为负压时，小心打开一个检修门，开启检修门时，人员应站立在检修门侧后方，不得正对检修门。确认无危险后，再打开其他检修门。

(7) 检查料面，如吃料口无大面积稀糊覆盖，将三相电极尽可能落到下极限。

(8) 测量电极糊面深度，并做好记录。

(9) 如果电极壳破口不大，电极下落后能控制电极糊不大量流出，即可焙烧电极；如果电极破口较大，甚至电极全部断裂，则应进行电极壳修复，接底盖后，重新添加电极糊。

(10) 清理料面上电极糊。

(11) 埋好电极，重新焙烧电极，恢复生产。

(12) 召开事故分析会，分析事故发生原因，提出预防措施。

(三) 出炉时漏水引发爆炸事故

(1) 出炉时发生漏水，引发多次连爆事故。应立即紧急停电。

(2) 立即关闭炉嘴、炉门内框、外框的冷却水阀门。

(3) 疏散出炉平台上相关人员。

(4) 启动牵引机，将炉口小车拉至冷却厂房。

(5) 确认无余爆时，组织人员强行堵眼作业。

(6) 待地面积水排清、蒸发后，组织人员清理场地。

(7) 做好转眼准备。

(8) 检修、更换损坏设备。

(9) 烧好炉眼，做好转眼准备。

(四) 电极软断引发四楼着火事故

(1) 电极软断，电极筒中空窜火引发四楼环形加料机内侧木板着火，应立即电石紧急停电。

(2) 打开电石炉烟气烟囱蝶阀，将电石炉炉气放散。

(3) 在安全许可的情况下，将电极筒上口加盖，减小电极筒拔风作用。

(4) 用灭火器灭火，处理电极软断事故。

(五) 一氧化碳中毒事故

(1) 电石炉一氧化碳扩散区域主要是电石炉主厂房二楼、三楼、三楼半、四楼、净化主厂房等。

(2) 当在以上区域内因一氧化碳扩散造成人员中毒较轻时，应迅速将中毒人员救离现场，送至空气新鲜处，解开中毒人员衣领扣子，保持呼吸畅通。报告公司调度。

(3) 当净化管道或气柜泄漏造成大量一氧化碳泄漏时，应立即报告，调度，启动应急预案。

(4) 缓慢关闭一氧化碳管道上的蝶阀和隔断阀，并关闭管道上的盲板阀，将泄漏系统与其他系统彻底隔离。

(5) 如果蝶阀、隔断阀、盲板阀在 HIM 画面上不能远程操作，且该阀位于一氧化碳泄漏污染区内，则必须在正确佩戴呼吸器后，方能进入一氧化碳泄漏扩散区内进行排险作业。

(6) 隔离、警戒一氧化碳泄漏污染严重扩散区域，疏散影响区域内人员。

(7) 严禁区域内车辆通行、严禁区域内明火。

(8) 正确佩戴空气呼吸器进入一氧化碳严重扩散区域内，搜救中毒人员，并查明一氧化碳泄漏点，排除故障。严禁不佩戴呼吸器盲目进入一氧化碳严重扩散区救人或排除故障。

(9) 一氧化碳泄漏污染区域可以采用喷雾状水的方法进行稀释，加快一氧化碳浓度降低。如采用喷雾状水稀释时，必须严格收集污水，不得超标排放。

（10）中毒较重者应迅速脱离一氧化碳严重扩散区至上风向区，并给予输氧，必要时应给予人工呼吸。

（11）如呼吸停止，则应进行人工呼吸和胸外心脏按压。

（12）立即打急救电话，送医急救。

（六）氮气窒息事故

（1）一氧化碳系统中冷却器、过滤器、洗涤器、排水器、气柜等密闭容器在氮气置换后，未做气体分析，盲目进入检修，易发生氮气窒息事故。

（2）当发生氮气窒息事故后，应立即将窒息者脱离现场，送至空气新鲜处，解开窒息者衣领扣子，保持呼吸畅通。

（3）窒息较重者，应及时给予输氧，有必要时应给予人工呼吸。心跳停止者，应给予胸外心脏按压。

（4）立即打急救电话，送医急救。

第三章 规范生产管理

第一节　安全技术规程

一、安全通则

（1）上岗人员必须经三级安全教育，并经考试合格，方可上岗。特殊工种必须取得特殊工种作业资格证后方可上岗作业。

（2）新工人在经三级安全教育合格分配到岗位后，接收岗位应建立监护人制度。指定本岗位熟练工人作为新工人监护人，监护人对被监护人人身安全及岗位安全技术教育负有责任，直至新工人取得独立上岗操作资格。

（3）认真执行上级有关安全生产法规、制度、标准，化工安全生产禁令及公司制定的安全生产规章制度。在班长领导下，严格按《工艺规程》、《岗位操作法》操作，严格执行《岗位责任制》。

（4）操作人员有权拒绝和阻止违反《工艺规程》、《岗位操作法》、《安全规程》的有关规定、危害设备、人身安全的错误指挥。有权拒绝和阻止使用存在安全隐患的工具、装备、设备。

（5）对进入本岗位的不明身份外来人员必须提出询问，并阻止其进入操作室或靠近生产设备。对于干扰本岗位的安全生产工作的行为，应加以阻止并通知保卫部门，将其带离生产现场。

（6）凡在禁火区内动火作业、禁火介质的设备、管道动火作业或进入容器、设备内作业，必须按规定程序进行气体分析合格、办理作业票后方可进行。

(7) 所有作业面通道必须保持畅通，不得任意堆放杂物堵塞通道。炉面、炉台等作业场所铁筋、推耙及其他工具应规范放置，不得影响人员通行、疏散。

(8) 经常组织操作员工进行事故应急预案的学习和演练，使操作员工熟悉掌握事故时的应急措施和步骤。并针对演练中出现的问题进行改进和对事故应急预案进行完善、补充。

(9) 严格执行《化工安全生产禁令》及有关安全规定，严禁违章作业、冒险作业，不准睡岗、离岗、串岗，不准做与生产无关的事和干私活，不得在生产场所嬉戏打闹，上班时不准喝酒，也不准喝醉酒来上班。

(10) 各班在布置生产任务时应同时布置安全工作。在班应集中注意力，精心操作，严格按工艺指标进行生产控制，并要定时、定点、定内容、定路线作巡回检查，发现异常或事故隐患等应及时调整、消除，或停车检查处理，并做好记录。

(11) 间断运转的设备在启动前，必须对其传动、紧固、润滑、冷却、绝缘、联锁、声光报警、安全防护装置等做认真检查，看是否完好、灵敏。在确认无缺陷后，再与有关岗位取得联系，打警告铃 3 秒，按顺序启动设备，投料生产。

(12) 设备在运转过程中，禁止打扫或处理故障，禁止加油或检修，禁止从上方踏过或从下方通过，禁止移动运转中的排风扇，禁止从出炉小车上方跨越通过，禁止用手抓扶运行中的钢丝绳，严禁无证独立操作。

(13) 对设备的各润滑或转动部位，必须定期加油保养。

(14) 操作人员作业过程中如感到身体不适（如头痛、呼吸困难）等，应立即报告组长，并到空气新鲜处休息，禁止继续作业，以免发生事故。

(15) 电炉上按要求配置的防护器具及消防器材，操作人员必须熟练掌握其使用方法，并妥善维护保管。

二、配料岗位安全技术规程

(1) 上岗前，应先检查长皮带是否跑偏、漏料、打滑，是否漏料、堵料，电振机是否漏料，工作是否正常。

（2）如遇皮带机被卡住、皮带脱扣、打滑或滚筒不转时，应立即停电处理，禁止在运转的情况下直接处理。

（3）操作或巡回检查时，提防脚下打滑或踏空，防止衣、裤、头发被滚筒等转动部位挂、钩入、带上，严禁在设备运行时打扫。

（4）设备检修时挂上“禁止启动”牌子并有专人监护。

（5）当发现环形料仓求料信号异常时，必须立即通知巡检人员到现场检查核实料位，杜绝环形料仓空料现象。若上指示灯亮时间超过20min故障仍未排除，则电石炉应立即降负荷甚至停电；若发生料仓下指示灯亮，则应立即“紧急停电”。

（6）发现配料批次、配料量发生异常，必须立即通知巡检岗位人员到现场检查，排除异常状况。

（7）配料后若不见上料位指示灯灭，应立即通知巡检人员到现场检查，查明原因，处理后方可继续配料。

（8）每班检查料仓一次，发现配料电振机堵料或振幅太小，不出料时，应立即处理，发现石灰、焦炭粒度有异常时，及时报告组长。

（9）现场打扫尘灰不准揪入料斗或皮带上，防止炉内大塌料、爆炸，炉压不稳。

（10）设备启动前打铃警告5s，方可启动设备。

三、中控岗位安全技术规程

（1）工作时必须注意力集中，集控室内禁止打闹说笑，无关人员不得在集控室内逗留。

（2）一般情况不准使用紧急停电按钮停电，电压级数降为一级后停电。

（3）送电时必须先联系，确认设备系统完好后，电压级数一级时送电。

（4）当电石炉发生重大异常情况时应紧急停电。

（5）严格按要求进行对口交接班，按要求穿戴好劳保用品。掌握好防毒面具的正确使用，并掌握适当的自救互救常识。

(6) 送电前应检查料管插杆情况，确认12只料管下料时方可闭炉操作，各通水部位阀门打开，出水畅通后方可送电，清除炉面杂物，水冷套上压紧螺盖不能碰加料柱，各加料管杆板不相连，检查炉气烟囱畅通后方可送电。

(7) 炉气温度长时间超700℃时，应查明是否漏水及漏水部位，是否下料管堵塞，是否翻电石，是否炉心料面低，是否电极过短，炉膛内的炉壳是否有洞，并采取相应措施。

(8) 二次电流过大时，应查明是否焦炭粒度过大，是否翻电石，料面是否太高，电极是否太长。

(9) 电极压放量偏少时，应查明原因，压放装置故障应立即处理，电极皱皮等原因应停电处理。

(10) 电极部位大量刺火，水管冒蒸汽或断水时，炉内大量漏水，电极软硬断，烟囱堵塞，应立即停电处理。

(11) 严禁带负荷上炉罩。测量电极时，保持炉压负压，严禁正对测量孔，防止火焰喷出伤人。

(12) 经常注意氢含量的变化，氢含量突然增加5%以上时，应停电检查是否漏水，如氢气含量长期保持较高并达到16%时，应立即停电检查。

(13) 电炉二楼及电炉操作岗位附近禁止堆放易燃物、爆炸物。

(14) 在加电极糊及焊接电极壳时，均需检查是否有导电物落在两相电极之间和易发生导电起弧的地方。

(15) 测量电极时，要戴好安全帽、防护面罩，保持炉子负压操作，测量人员不可正对着测量口测量，以防烫伤。

(16) 变压器有载调压开关相间级差不得超过三级。

(17) 电石炉停炉检修时，应将电石炉停送电按钮锁定，并挂设禁动牌。

(18) 其他设备检修时，应切断电源，并挂上“禁止合闸”警示牌。

(19) 炉面CO浓度高时，人员应撤离现场。

(20) 冷却水集水槽严禁洗手洗物。

四、巡检岗位安全技术规程

(1) 严格按要求进行对口交接班，规范穿戴好劳保用品，掌握好防毒面具的正确使用，并掌握适当的自救互救常识。

(2) 巡检时应警惕工作现场的CO浓度。巡检应二人一组进行，一人检查，一人监护。当发生意外时，施救者应科学施救，及时报警。

(3) 对于设备转动（或振动）部位，运行时禁止打扫卫生、加油，设备运行时禁止从上方踩过或下方通过，禁止移动运转中的排风扇。

(4) 必须正确佩戴好所有的防护用品，不得靠电石炉距离过近，以防炉气、电石等外喷造成灼伤事故。

(5) 接电极筒焊接作业时，应到电极压放平台检查，一旦发现着火，应立即用二氧化碳灭火器灭火。并立即向班长汇报。

(6) 液压房内严禁烟火，检修动火必须办理动火手续。

(7) 液压系统发现起火，用二氧化碳灭火器或沙子灭火，严禁用水灭火。

(8) 若发现电极糊、电焊条等杂物掉落在油压设备上，应及时清除。

(9) 油压管路阀件严禁带压紧固。

(10) 液压房无关人员不得擅自进入。

五、油泵岗位安全技术规程

(1) 熟练使用CO_2泡沫灭火器，发现油箱油管着火，要用CO_2、泡沫灭火器灭火。

(2) 油泵发生故障时，必须立即开启替换备用泵，并及时报告检修。

(3) 做好电极压放平台巡回检查，发现电极糊、焊条等异物掉落在油压设备上，必须及时清除。

(4) 严禁同时接触两相电极，管件、阀门等严禁带压力紧固、检修。

（5）发现压放缸不到位时应做好记录，并报告组长。

（6）有权阻止无关人员进入油泵房，暂时离开门要加锁并报告组长。

（7）发现电极压放平台设备连电发红、刺火时，应立即通知组长采取处理措施，防止着火。

（8）动力电停时应立即通知组长停（炉）电。

（9）油管大量漏油或着火时应禁止压放电极、升降电极，立即关闭油泵，并立即停炉处理。

六、加电极糊岗位安全技术规程

（1）严格按要求进行对口交接班，穿戴好劳保用品。

（2）起吊电极糊时，电极糊不得高出吊斗，关好吊口门并挂设“注意重物坠落”的警示牌。

（3）吊运电极糊时应将吊钩与吊斗吊挂牢固，以防止坠落。

（4）防止并检查糊块掉落至把持器部件或其他转动设备中。

（5）一氧化碳浓度值无超标，糊柱高度测量方可进行，如有一氧化碳浓度值超标，应立即撤离至安全场所。如感觉呼吸不适，应立即到空气流通处，严重者应立即送医。

（6）严格控制糊柱高度在工艺指标范围内。每班应测量糊柱高度三次以上。

（7）糊柱高度测量时，禁止身体同时接触两相电极。压放电极时，禁止投加电极糊和测量电极糊柱高度。测量电极糊柱高度时，严禁站在环形机转动部位上，以防伤人。

（8）发现电动葫芦限位开关失灵，应禁止使用电动葫芦，必须待限位开关修复后方可使用。

七、出炉岗位安全技术规程

（1）出炉前仔细检查出炉小车有无出轨，挂钩是否挂好，锅底有否垫好。

（2）用电烧炉眼时，禁止戴湿手套或赤手扶持烧穿器。

（3）用烧穿器维护炉眼时，炉口一定要有空锅。

(4) 换铁筋时，双手拿在端头，操作台后面不得站人，更不允许外来人员上炉台。

(5) 吹氧气时，氧气瓶应远离炉台，氧气皮管距离挡热门不得小于5m，以免回火伤人，正常情况下，严格控制吹氧。

(6) 出炉小车中液体电石不能装太满，液体电石小车两侧人员不得距离过近，防止牵引时表面液体电石晃出伤人。

(7) 取插板、夹电石时，必须有足够的电石冷却时间，在电石块基本固化后进行，防止电石块未完全凝结，对操作人员造成灼伤。

(8) 起吊电石时应确认夹具夹紧、夹稳后方可起吊，防止电石块掉落伤人。

(9) 电石块内如有铁筋、插板等物，应做好明显标记，详细交班。同时夹电石时不得将电石锅底带出。避免对电石破碎设备造成损坏。

(10) 出炉时，遇通水部件漏水，应立即关闭水阀。

(11) 禁止移动运转中的排风扇。

(12) 炉底如有积水必须及时抽干，避免热电石流入地下通道，发生爆炸。

(13) 出炉小车有磨擦声响或螺丝松动时应及时更换小车。

(14) 地滚轮不转时应立即通知钳工处理。

(15) 发生电石小车卡阻拉不动时，必须先排除故障，不得强行拉动小车，防止钢丝绳拉断伤人。

(16) 出炉时无关人员不得在出炉平台、轨道两侧逗留，防止火焰、热电石及钢丝绳伤人。

(17) 拉铁筋时注意地面排风扇电缆，以免磨破电缆，造成漏电伤人。

八、净化岗位安全技术规程

(1) 当发生以下情况时，净化系统应紧急停车：

① 电石炉炉气温度急剧升高，炉气量急剧增加。

② 系统氢气、氧气含量突然增加。

③ 粗气烟囱、炉气水冷管及冷却系统严重漏水或断水。冷却水压力低于0.2MPa。

④ 氮气供给系统故障，停供或压力低于0.4MPa。

⑤ 压缩空气系统故障，停供或压力低于0.6MPa。

⑥ 意外事故如发生爆炸、灼烧、中毒、触电等人身事故需停电抢救。

⑦ 控制仪器、仪表失灵需停电检修。

⑧ 过滤器和除尘器过滤管严重烧损和穿孔。

⑨ 有关主要设备发生事故危及净化系统安全运行。

⑩ 计算机运行机制发生严重故障需停机修理。

⑪ 供电设备或线路短路、产生火花必须立即停电抢修。

(2) 净化系统首次开车，以及电石炉开启炉盖、观察门检修后的系统开车启动前，必须对系统进行全面的氮气置换。如果电石炉未进行开启观察门的检修作业时，可以不经气体置换，直接进行净化系统开车操作。

(3) 净化系统工作区域严格禁烟禁火。严禁敲打、撞击净化系统的设备、管道。

(4) 严格执行定期巡检制度，巡检时必须两人一同进行，一人检查，一人监护，两人前后必须分开一定距离。巡检时应佩戴便携式一氧化碳报警仪。当一氧化碳报警仪发出报警信号时，应及时撤离人员。

(5) 系统需要检修时，粗气烟道通水蝶阀后必须进行堵盲板操作。如单个过滤器进行检修或更换过滤管时，过滤器的进口必须进行堵盲板操作。并经过气体置换合格后，方能进行。

(6) 净化系统炉气管道及设备必须做好防静电接地、防雷击措施。

(7) 刮板输送机、斗提机、总灰库必须保持充氮保护。

(8) 当刮板输送机、斗提机发生故障时，应进行系统停车后，方可处理。严禁设备在运行中直接打开，或用手、工具伸入设备处理故障。

(9) 传动设备检查、检修时，必须切断供电电源，并挂设“禁动”牌。

（10）过滤器应及时卸灰，避免灰粉堆积，造成灰粉难卸或使过滤管温度升高损坏。

（11）总灰库卸灰时注意灰粉温度较高，避免人员发生烫伤。

九、焦炭烘干岗位安全技术规程

（1）劳保用品穿戴齐全，以防烫伤。

（2）鼓风机启动时应将调节风门关上，然后逐渐打开至所需的风量，防止电流过载。

（3）进入烘干窑或沸腾炉内检查或检修时必须保持有良好的通风，并有专人监护。

（4）沸腾炉不宜正压操作，必须先开引风机，后开鼓风机。鼓风机启动前必须关闭炉门，同时在鼓风机运转过程中，保持炉门关闭，如需要打开炉门检查时，必须小心，站在炉门口侧面，不要正对炉门，避免被红料喷出烫伤。

（5）不宜频繁停炉压火，以免因急冷急热次数多而影响炉子寿命。

（6）热工仪表安装好后，不得随便擅自调整。

（7）炉渣未冷透，切忌进入炉膛。

（8）紧急出渣时，排渣口若有人，切忌开启鼓风机。

（9）设备检修时应挂上“严禁合闸”牌子。

（10）沸腾炉点火时严禁使用汽油助燃。

（11）套筒式三筒烘干机的开动与停机应由专门人员操作。

（12）套筒式三筒烘干机及拖动电机应有良好的接地线。

（13）机器开动期间禁止检修和机器下站人。

（14）传动设备检查、检修时，必须切断供电电源，并挂设“禁动”牌。

十、炉气加压岗位安全技术规程

（1）岗位严格禁烟禁火，需动火时必须先行办理动火证，并采取安全措施，在万无一失的情况下才能动火。照明及电气设备必须具有防爆措施。

(2) 岗位必须配备防火防护器材，操作人员必须熟悉使用方法。

(3) 操作人员必须按规定穿戴劳动防护用品、用具，严禁穿带钉鞋子进入工作区域。

(4) 炉气管道严禁用金属物敲击、撞击。使用钢制工具工作时，应在工具上涂上甘油或黄油。

(5) 检修、清理设备，必须二人以上一同工作。

(6) 电气设备发生故障时，必须由电工处理，严禁随意接设临时电源线。

(7) 炉气设施及管道的防雷、防静电接地线必须保持完好，检修拆除的防雷、防静电接地线，必须及时恢复。

(8) 进入一氧化碳扩散区作业时，必须佩戴便携式一氧化碳报警仪，当一氧化碳浓度超过 30mg/m^3 时，人员应及时撤离至安全区域。

(9) 炉气排水器在冬季必须及时采取防冻措施。

(10) 炉气加压系统进行过停车检修后重新开车，炉气管道及设备必须进行气体置换合格后方可进行开车作业。

(11) 炉气加压系统需进行检修时，必须先行办理危险作业审批，并采取堵盲板作业，保证彻底隔离系统，气体置换合格后，方可进行系统检修。严禁用蝶阀代替盲板阀。

(12) 如需进入设备内部检修，必须办理有限空间作业审批，并设有专人监护，方可进入检修。

(13) 当炉气系统发生着火时，应缓慢关小阀门，降低压力，并保持炉气系统压力 100Pa 左右。打开氮气或蒸汽阀门，向管道或设备内通入大量氮气或蒸汽。再关闭切断阀，并关闭盲板阀，将系统彻底隔离，严禁突然关闭炉气阀门，防止造成回火爆炸。

(14) 传动设备检查、检修时，必须切断供电电源，并挂设“禁动”牌。

十一、套筒石灰窑岗位安全技术规程

(1) 石灰窑开窑点火时，如果点火失败，尝试重新点火之前，必须切断燃烧控制器，并重新连接、设置。

(2) 炉气管道通气生产前，必须进行气体置换合格。

(3) 炉气管道必须具有可靠的防雷、防静电接地装置。因检修拆除的防雷、防静电接地装置必须及时恢复。

(4) 炉气管道严禁用金属物敲击、撞击。使用钢制工具工作时，应在工具上涂上甘油或黄油。

(5) 石灰窑停窑检修时，必须关闭炉气总管的切断阀和盲板阀，将石灰窑与炉气系统彻底隔离后，并经过气体置换合格，方可进行。

(6) 石灰窑各层钢平台及巡检钢梯应定期检查、检修，防止钢件腐蚀，造成人员坠落。

(7) 卷扬机钢丝绳应每班检查，如发现钢丝绳有断股 1/6 股，应及时更换新钢丝绳。

(8) 传动设备检查、检修时，必须切断供电电源，并挂设“禁动”牌。

十二、空分空压岗位安全技术规程

(1) 开车前必须检查空压机油池中润滑油在标尺范围内，并检查注油器内的油量不应低于刻度线值。

(2) 检查防护装置及安全附件是否完好。检查各进水阀是否打开，冷却水是否畅通。

(3) 设备必须在无载状态下启动，待空载运转情况正常后，再逐步使空气压缩机进入负荷运转。正常停车时应先卸去负荷，然后关闭发动机。

(4) 当空压机在运转中发现下列情况时，应立即停车，查明原因，并予以排除。

① 润滑油中断或冷却水中断。

② 水温突然升高或下降。

③ 排气压力突然升高、安全阀失灵。

④ 负荷突然超出正常值。

⑤ 机械响声异常。

⑥ 电动机或电气设备等出现异常。

(5) 停车后关闭冷却水进水阀。冬季低温时必须放尽气缸套、各级冷却器、油水分离器等的存水，以免发生冻裂事故。

（6）空压机必须有可靠接地，不允许直接接在空气输送管或冷却水管上，防止因漏电造成危险。

（7）电源线在进线口必须有绝缘保护，避免因摩擦使线皮破损漏电造成危险。

（8）安装和检修时必须切断电源，并在电源开关处挂上警示牌。电源远离工作地要拆下开关负荷端，确保人身安全。

十三、循环水岗位安全技术规程

（1）闭式冷却塔冬季停用喷淋水时，应关闭循环泵进口阀，并放尽循环泵内存水以及集水盘内存水，防止冻堵。

（2）循环泵如停用较长时间重新启用时，必须先进行盘车，如确认盘车顺利无阻现象，方可启动循环泵。

（3）风机电源接通前应检查电线是否破损，漏电等不安全因素存在。

（4）遇到下列情况应立即停机检修：

① 电机轴承温升超过 65℃；

② 电流超载运行；

③ 电机冒烟；

④ 发生强烈震动或者有较大的碰擦声音。

（5）水泵开、停泵要严格按要求进行操作，紧急情况下可直接按下停车按钮。

（6）禁止触碰水泵等设备的转动部位。

（7）泵房因意外情况停水，应立即向调度及电石炉中控室通报。

（8）水池内禁止洗刷或向内投掷杂物。

（9）水位突然降低，应查明原因，及时处理。

（10）遇紧急停电，应立即关闭各出水阀，并尽快通知电石炉和调度室。

十四、制电极壳岗位安全操作规程

（1）开剪板机、冲压机、压型机前，要注意检查设备工作是否正常，性能是否良好。

（2）操作时，思想要集中，行动要一致，相互配合好。

（3）放送钢板不偏，注意手的位置，不得放到钢板底部或剪口位置，以免压伤手指。

（4）工作位置不对或设备有故障时，应停车处理。

（5）使用磨光机时注意避免伤到手，焊缝必须磨平磨光。

（6）电极小吊吊电极壳时，注意电极壳避免压伤脚部。

十五、电极壳焊接岗位安全技术规程

（1）需吊电极壳时应先与电炉当班组长或炉前工取得联系，起吊时，吊物口下严禁人员通行。

（2）电极壳离楼板高度 1.5m 以上时，不准对焊。在对焊过程中，要互相配合，人要站在安全的位置。

（3）在焊接中，注意焊条头等导电物不要掉入电极筒内，防止引起刺火。

（4）上楼焊接时，应先向电炉组长了解电极压放的时间，严禁在放电极时或下放电极后 15min 内进行对焊，以防电极软断，火焰上窜烧伤人。

（5）进入环形加料机作业时应注意事项：

① 与主控室人员取得联系，将各料仓加满料；

② 炉压调为微负压生产状态；

③ 有专人监护；

④ 需动火时，必须经气体分析合格后方可进行。

（6）焊接好的筒发现筒体不圆，需用榔头校正时，应一人校正，禁止二人同时对打校正。

十六、检修安全规定

（1）钳工组长在分配布置检修任务时，同时布置安全工作。二人以上检修时，必须指定专人负责安全。参加检修时，必须戴好安全帽。

（2）检修人员在检修中，必须严格遵守化工安全检修规定和其他有关规定。

（3）凡是转动设备的检查或检修，必须填写《设备检修停送电工作票》，一式两份，一份给检修人员，一份给值班电工。

（4）检修工作完成后，钳、电双方一起到现场检查，确认符合送电条件后，双方签字方可送电。

（5）检修易燃、易爆、有毒、有腐蚀性物质和蒸气设备管道时，必须切断物料（包括腐蚀性气体）出入口阀门，并加设盲板隔离，在进行气体置换合格后，填写设备检修交出单，方可进行检修。

十七、动火安全规定

（1）变压器房、油泵房、热样分析室、成品仓库及电石提升机、电石皮带机、电石贮斗等设备在动火检修前必须办理动火许可证。

（2）油泵房及油压系统严禁烟火，若检修必须动火时，需经公司安环部审核批准，做好防范措施，并设有专人监护。

（3）“动火证”申请办理由动火单位指定专人或动火项目负责人（车间安全员）办理。

（4）申请动火单位根据“动火证”的需求，认真填写和落实动火中的各项安全措施。

（5）必须在“动火证”批准的有效时间范围内进行动火工作，凡延期动火或补充动火都必须重新办理动火证。

（6）动火证由动火人随身携带，不得转让、涂改或转移动火地点。

（7）动火地点周围的易燃、易爆物应清除干净，严禁在地沟、水沟、电缆沟附近动火。

（8）严禁带料、带压或开车动火。动火完毕，应清理现场，不留余火。

（9）如需在环形料仓内动火，必须停电，各料仓料加满，并至少打开三只以上料仓盖板。经取样分析合格，安全措施落实后方准动火，作业时现场要有人监护。

十八、高空作业安全规定

（1）在离地面 2m 以上，有可能坠落的高处进行作业，均为高空作业。高空作业时必须执行登高作业的有关规定。

（2）登高作业人员必须佩戴安全带，如遇六级以上大风、暴雨和雷电时，应停止高空作业。

（3）患有心脏病、高血压、贫血、癫痫、脑部肿瘤等疾病的人员，不得从事高空作业。

（4）高空作业时，必须按规定穿戴劳动保护用品。严禁穿拖鞋或赤足登高作业。

（5）高空作业过程中，不得从高空向下或从地面向上抛掷工具、零件及其他杂物。

（6）高空作业下方应设立隔离区域，无关人员不得进入。

十九、焊接作业安全规定

（1）焊接工具要符合标准，焊轮的风气门要严密可靠，氧气减压压力表必须灵敏，氧气软管耐 20 个大气压，乙炔软管耐 5 个大气压。

（2）氧气瓶与乙炔要分开存放，其距离不应小于 7m，距明火不小于 10m，两瓶喷口不能互相对立。

（3）用电焊机作业时必须具备以下条件：

① 电焊机电源要单独设立电闸刀；

② 焊机二次线圈及外壳必须妥善接地，其接地电阻不大于 4Ω；

③ 一次线路与二次线路必须完整，并易辨认，在电石炉内焊接时，皮线绝缘要良好。

（4）电石炉内电焊作业，要检查劳保皮鞋的绝缘性，当衣裤或皮鞋被水浸透后，要及时处理干燥再进行施焊，避免触电。

（5）在多人交叉作业的场所，从事电焊作业要设防遮板，以防电弧刺伤他人。下雨时，露天严禁使用电焊机。

（6）进入炉内、贮斗内等场所进行焊接作业时，必须先经气体分析合格，同时必须有专人在外部监护。并视情控制作业时间。

二十、一氧化碳气体防护知识

（1）概述：密闭电石炉在生产过程中，因石灰与焦炭在高温条件下进行碳化反应时，每生成一吨电石约产生炉气 400～450m^3/t。炉气中一氧化碳含量约为75%～85%。

(2) 一氧化碳的相关指标

爆炸极限　12.5%～74.2%

动火控制指标　一氧化碳在空气中含量＜1%

车间最高允许浓度　30mg/m^3

男性吸入最低中毒浓度　650mg/m^3/45min

人吸入最低致死浓度　5000mg/m^3/5min

(3) 在接触时间较短时，车间一氧化碳最高允许浓度可放宽。根据《工业企业设计标准》(TJ 36－79) 规定如下：

50mg/m^3　允许工作时间＜60min

100mg/m^3　允许工作时间＜30min

200mg/m^3　允许工作时间＜15～20min

上述条件下反复作业时，两次作业之间需间隔2h以上。

(4) 一氧化碳中毒机理：CO与人体的血红蛋白的结合能力比氧与血红蛋白结合能力大100倍，而且与血红蛋白的解离能力又较氧慢3600倍，这样在CO浓度较高的环境中，血红蛋白将越来越多地与CO结合，使血红蛋白失去输送氧的能力，人体细胞因缺少氧造成代谢障碍，人中毒后产生头疼、呕吐、腿软、耳鸣等症状，重者甚至神志不清，失去自觉。吸烟者将加重CO的中毒深度。

(5) 一氧化碳的检测手段：当CO浓度＜0.2%时，奥氏分析仪因分析误差不能达到精度要求而不能使用，应采用气相色谱仪或专用监测仪检测。

(6) 一氧化碳气体的防护

① 加强管理，杜绝气体泄漏，将作业环境空气中CO含量控制在30mg/m^{3}以下。

② 加强作业场所的通风，保证作业点CO的及时排除，对消漏困难的泄漏要采取局部强制通风。

③ 凡是在一氧化碳飘散区作业时，作业人员应尽可能地站立于上风向。同时必须二人以上，一人作业，一人留在安全地带负责监护。发现或感觉不适，应立即停止作业，迅速撤离。在环形加料仓进

行对接电极筒作业时，如遇 CO 在线监测报警，操作人员应立即通知电极筒对接作业人员，作业人员应立即撤离作业现场。

④ 电石炉上配备有气体防护用具，救护器具必须会熟练使用，使用后必须向车间汇报；气体防护用具必须定期校验，做到随时备用。

(7) 一氧化碳事故的紧急救护

① 操作者现场发生中毒时，施救者应科学施救。发现者在自身采取防护措施的条件下，应迅速将中毒者救出危险区域，放置在温度适宜、空气新鲜的安静处。救护困难时，立即向医院或气防站报警救援。

② 救护人员必须佩戴好防毒器具，防止自身中毒。

③ 中毒轻微，仅感到不舒服者，在空气新鲜处安静地休息片刻即可恢复。中毒较重不能自持者应立即送往医院急救，或由医生现场施行急救，不得延误抢救时间。

第二节　岗位责任制

一、通则

(1) 提倡文明生产。严禁酒后上岗。生产区域禁止吸烟。不在生产现场嬉笑打闹。

(2) 操作人员必须按规范穿戴劳动防护用品、用具。

(3) 生产现场所有工具、用具按定置管理要求规范放置。道路保持通畅。

(4) 设备保持清洁。各类垃圾及除尘设施排放的灰尘应及时清运出厂，不造成二次污染。

(5) 在组长的直接领导下，严格执行工艺规程、岗位操作法、安全规程规定的有关事项。努力完成本岗位的生产任务，确保安全、优质、高产、低耗。

(6) 明确职责，坚守岗位。未经组长同意不得擅自离岗。如有必要离岗，应将自己的职责交给组长指定的人。

(7) 加强与前后工序及有关岗位的工作联系。如发生事故或不正常现象，应立即采取相应的措施，并迅速汇报组长或联系有关岗位及调度，进行迅速处理，尽快消除异常现象，防止事态扩大或加重。

(8) 拒绝和阻止违反工艺规程、岗位操作法、安全规程的有关规定、危害设备和人身安全的误指挥。

(9) 对进入本岗位的不明身份外来人员必须提出询问，并阻止其进入操作室或靠近生产设备。对于干扰本岗位的安全生产工作，损害本岗位的设施和影响本岗位环境的行为，应加以阻止并通知保卫部门，将其带离生产现场。

(10) 严格执行既定工艺指标，不得擅自更改。

(11) 按时、如实填写原始记录。保持报表清洁、完整，规范涂改。做好本岗位的清洁卫生工作，确保文明生产。

二、交接班制

(一) 交接内容

交接班内容包括：领导交待的有关事项、当班生产情况、安全情况、工艺指标控制、设备运行、工具仪器、原材物料库存、现场清洁卫生及其他有关事项。

(二) 交班事项

(1) 交班者应在交班前做好一切交班准备工作，努力做到生产稳定、设备运转正常、岗位清洁、原始报表完整、工具齐全，为接班者创造良好条件。

(2) 在交接班记录本上如实填写本班生产有关情况及交待下班注意事项，并签名后交班。

(3) 生产过程中发现不正常现象，当班能处理的一定要处理好，若当班无法处理，须向接班者交待清楚。

(4) 岗位交接班人员应进行对口检查交接。对接班者提出的问题应认真虚心解释。不符合交班要求的事项，应立即加以整改。待接班者确认签名后，才能离开岗位。在接班者接班前，全面负责本岗位所有生产操作工作，不得造成操作空缺。

（5）对口交接后，在组长领导下开好班后会，听取组长对本班组的生产情况讲评，经组长宣布方可下班。

（6）如交接班时正好发生紧急事件或正在处理紧急事件，交接班应延后至紧急事件处理完毕或有效控制后再进行。

（三）接班事项

（1）接班者应穿戴好劳保用品，提前15min到岗位，了解生产、安全、设备情况。

（2）准时参加班前会，听取交班组长汇报上班生产情况和本班组长布置本班生产任务。会后到岗位与交班者对口交接。

（3）对本岗位所辖生产区域进行认真全面地检查，如不符合交班要求，应当向交班者提出。严重问题立即向本班组长汇报。若因交接检查不严，事后发生事故，由接班者承担全部责任。

（4）对口交接后，确认无问题，在岗位交接班记录本上签名，同意交班者下班。

三、巡回检查制

（1）接班前按本岗位巡回路线全面认真检查一次，并将检查结果向组长汇报。

（2）班中按时、按点、按要求仔细检查本岗位工艺控制、仪表运行、设备运转情况，按规定要求及时填写检查情况记录。

（3）发现问题及时向组长汇报，并及时和有关岗位、部门联系解决问题。

（4）24h连续生产作业岗位每小时应巡回检查一次。

四、安全生产责任制

（1）认真学习并严格执行国家、上级有关安全生产方针，劳动保护政策和公司有关安全生产、文明生产的各项规章制度。树立“安全第一”的思想，预防各类事故的发生。

（2）操作人员必须经安全技术考试合格，持安全操作证方可上岗独立操作。

（3）严格遵守劳动纪律，不串岗、不离岗、不睡岗、不脱岗，严禁参与和当班生产无关的各项活动。如因违反而造成事故的，要求承担一切责任，直到刑事处理。

(4) 努力学习安全技术。对分配到本岗位的新工人，应建立监护制度。指定本岗位熟练工人作为新工人监护人。监护人对被监护人人身安全及岗位安全技术教育负有责任。

(5) 做好自我保护，按规定穿戴好劳保用品，正确使用和妥善保管岗位上的各种安全、消防、防护器材，保持良好的状态，随时备用，做好岗位环境卫生工作。

(6) 严格对口在岗交接和巡回检查，发现异常，应及时采取果断措施，迅速消除或防止事故扩大。并立即向有关部门汇报，做好处理记录。

(7) 发生事故，要坚持“四不放过”，做好事故分析报告，做好事故抢救、互救工作，对重大事故要注意保持好现场。

五、质量责任制

(1) 熟悉本岗位的质量标准和工艺操作标准。

(2) 牢固树立“质量第一”的观念，定期接受全面质量管理知识，积极参加质量管理小组活动，对改进质量和提高质量提出建议和措施。

(3) 严守职责，精心操作，抓好各环节的质量控制。确保建立一个稳定生产合格和优质品的生产工序。

(4) 积极开展产品创优升级活动，以优异的工作质量保证产品质量，使下道工序和用户满意。

六、岗位练兵制

(1) 以岗位作为技术练兵的主要课堂，刻苦学习，努力掌握本岗位的应知应会事项（基本生产技能、各项技术经济指标、排除故障和事故处理、安全生产常识及有关生产原理、节能降耗等基础知识），达到一掌握、二熟练、三会、四懂、五过硬。

(2) 练兵要求

① 从难从严从实际出发，做到结合操作经常练，定期考核反

复练。

② 积极参加各种形式的技术学习和技术考核，利用练兵台开展互教互学，做到能者为师，取长补短，以老带新，尊师爱徒。

③ 刻苦自学，钻研技术，勇于提出合理化建议。

（3）厂部、车间应定期、不定期组织进行各种形式的技术培训教育、技术讨论交流、技术考核、技术比武活动，并对活动优胜者予以精神、经济奖励，促进员工技术学习。

七、班组经济核算制

（1）树立主人翁责任感，大力开展班组劳动竞赛，努力完成本班组的各项技术经济指标。

（2）严格执行工厂生产和生活用汽、用电、用水的有关规定，若违反者照章处罚。

（3）每月进行一次班组经济活动分析，班组全员参与产品质量成本控制等管理活动。做好本班组经济责任制统计和考核工作。

（4）坚持节约原材料，开展修旧利废活动。人人牢固树立节能意识，彻底消除岗位长明灯、长流水现象。

八、设备维护保养制

（1）生产操作人员必须严格贯彻“维护为主”的方针，认真执行设备维护保养制。

（2）各车间应大力开展“完好设备”、“无泄漏”等活动，实行专机专责制或包机制，做到设备、管线、阀门、仪表落实到人。

（3）操作人员对本岗位的设备应懂得安全、操作、维护、保养知识。

（4）操作人员必须严格按照规定步骤进行设备的启动和停车，启动前认真准备，停车后妥善处理，运行中反复检查，不超温、超速、超压、超负荷运行，杜绝误操作，确保安全。

（5）认真做好设备润滑工作，坚持“五定”（定质、定量、定位、定时、定人），保持设备良好润滑状态。

（6）设备检查要做到听、看、摸、查、问，发现问题，立即检查原因，及时处理和反映，并做好原始记录。

(7) 消除跑、冒、滴、漏，加强对静、动密封点的管理。

(8) 维修工人（机、电、仪）按分工定期上岗检查（班前一次，班中 1 至 2 次），了解设备运行情况，随时听取操作人员的反映，及时处理设备存在的问题和缺陷，不能处理的做好详细记录，及时上报。

(9) 认真填写设备日报。

九、焦炭烘干岗位

(一) 岗位基本任务

负责沸腾炉的操作并将进入烘干窑的焦炭烘干，以满足电石炉的需要。负责将烘干窑内的废气除去粉尘后排空，定期排放除尘器灰斗内的积灰。负责所属设备的操作、维护保养和场地的清洁卫生工作。

(二) 设备维护保养

(1) 负责本岗位所属设备的清洁卫生工作。

(2) 烘干窑启动前应先检查烘干窑大齿轮、托轮等部位是否有异物卡阻障碍、地脚螺栓是否紧固。

(3) 检查窑尾风机冷却水是否正常。启动风机前必须关闭风门，待风机运行正常后，慢慢打开风门。严禁开风门启动风机造成超负载。

(4) 注意电机温度，不得超过 65℃。

(5) 严格控制头部和尾部温度。

(6) 密切注意转窑的上窜和下窜情况和窑内扬板、耐火砖脱落情况，并及时排除故障。

(7) 每班检查个各润滑点润滑情况，及时加油。

(三) 安全注意事项

(1) 劳保用品穿戴整齐，以防烫伤。

(2) 风机启动时应将进风口风门关闭，以防过载。

(3) 短期停车时，可关小冷却水，但不能关死。冬季停车时，应关闭冷却水，并将风机内的冷却水排净。

(4) 进入转窑或沸腾炉内检查或检修时前必须进行通风置换，并在检查、检修过程中保持有良好的通风，有专人监护。

(5) 除尘器集灰斗内的除尘灰应每班及时排放、清运。

十、干焦输送岗位

(一) 岗位基本任务

负责将烘干的焦炭输送至电石炉日料仓；负责所属设备的维护保养和场地的清洁卫生工作。

(二) 设备维护保养

(1) 负责所属设备的清洁卫生工作。

(2) 第二个白班各润滑点加油。

(3) 检查所属设备有无异常，及时排除故障。

(4) 及时清除电磁铁分离器上的铁件。

(5) 注意电机及轴承温升，不得超过 65℃。

(三) 安全注意事项

(1) 设备运转时严禁打扫。

(2) 严禁带负荷启动设备。

(3) 现场遇有紧急情况应将传动设备电源断开。

(4) 停车后应将电磁铁分离器上的铁件清理干净。

十一、石灰输送岗位

(一) 岗位基本任务

负责将石灰送到电石炉日料仓，保证电炉生产需要。负责所属设备的操作、维护保养和场地的清洁卫生工作。

(二) 设备维护保养

(1) 负责所属设备的清洁卫生工作。

(2) 每班检查润滑点情况，第二个白班各润滑点加油。

(3) 检查所属设备有无异常，及时排除故障。

(4) 注意电机温升不得超过 65℃。

(5) 及时清除电磁铁分离器上的铁件。

(6) 及时拣出皮带上的大块瘤块和杂物。

(三) 安全注意事项

(1) 设备运转时严禁打扫。

(2) 严禁带负荷启动设备。

(3) 现场遇有紧急情况应将传动设备的电源断开。

十二、配料岗位

(一) 岗位基本任务

(1) 根据电石炉运行负荷及炉况、原材料质量情况，服从当班组长确定的炉料配比，按环形料仓料位仪发出求料信号，进行配料。

(2) 根据要求调节卸料电振机工作电流，保证焦炭、石灰均匀混合输送至混合料仓。

(3) 负责所属岗位设备的操作、维护保养及场地清洁卫生工作。

(二) 设备维护保养

(1) 维持 DCS 操作站操作屏及附属设备清洁。

(2) 发现配料系统设备发生故障，及时与巡检岗位人员联系检查、处理，及时排除故障。

(三) 安全注意事项

(1) 严格按要求进行对口交接班。穿戴好劳保用品。掌握好防毒面具的正确使用，并掌握适当的自救互救常识。

(2) 当发现环形料仓求料信号异常时，尤其当下限位指标灯亮时，必须立即通知巡检人员到现场检查核实料位，杜绝环形料仓空料现象。

(3) 发现配料批次、配料量发生异常，必须立即通知巡检岗位人员到现场检查，排除异常状况。

(4) 配料后若不见求料指示灯灭，应立即通知巡检人员到现场检查，查明原因，处理后方可继续配料。

十三、电石炉中控岗位

(一) 岗位基本任务

(1) 在当班组长统一领导下，根据电石炉运行电压级数及使用功率大小，主动掌握电极压放时间、长度、次数等。控制好一次、二次电流额定值，提高功率因数；合理组织生产，保证三相电极安全、正常、平衡、稳定生产，做到电石生产优质、高产、低耗。

(2) 负责电石炉系统报警盘的监视工作及特殊情况联系处理。

(3) 负责三相电极工作端长度测量工作。

(4) 负责所属设备的操作、维护保养和场地的清洁卫生工作。

(二) 设备维护保养

(1) 维持DCS操作站操作屏及附属设备清洁。

(2) 当发现炉气温度异常升高时，必须及时降负荷，打开观察门检查炉面情况。

(3) 发现大量漏水时，必须立即紧急停炉处理。

(4) 发现料面异常时，应及时处理料面，必要时应处理红料和硬块。

(三) 安全注意事项

(1) 严格按要求进行对口交接班，按要求穿戴好劳保用品。掌握好防毒面具的正确使用，并掌握适当的自救互救常识。

(2) 当电石炉发生重大异常情况时应紧急停电。

(3) 变压器有载调压开关相间级差不得超过三级。

(4) 电石炉停炉检修时，应将电石炉停送电按钮锁定，并挂设"禁动"牌。

(5) 其他设备检修时，应切断电源，并挂上"禁止合闸"警示牌。

(6) 测量电极时，保持炉子负压操作，测量人员不可正对着测量口测量。

(7) 炉面CO浓度高时，人员应撤离现场。

(8) 冷却水集水槽严禁洗手洗物。

(9) 电石炉送电生产时任何人不得上炉盖。

十四、巡检岗位

(一) 岗位基本任务

(1) 负责检查石灰、焦炭贮仓存料及粒度情况，并作好交接班记录。

（2）经常检查焦炭、石灰的混合情况。经常检查环形料仓料位情况，保持环形料仓料位在规定范围内，不得空仓及满仓。

（3）负责电极压放平台巡回检查工作。

（4）负责环形料仓除尘器的操作、维护及排灰工作。

（5）负责检查、维护好液压系统电机泵组及各类阀件正常运转，保证电极压放和升降的顺利进行，并及时处理各种故障和跑、冒、滴、漏现象。

（6）负责出炉除尘器的运行、检查、排灰工作，保证出炉除尘器运行正常。

（7）负责炉底风机的运行检查、炉底情况的巡检，保证炉底温度正常。

（8）负责炉气净化系统设备的运行检查，保证炉气净化系统设备运行正常。

（二）设备维护保养

（1）负责所属设备的维护保养和场地的清洁卫生工作。

（2）交接班时，应到机旁启动设备，检查其运行正常否。

（3）第二个中班各加油点加油，每班在设备运转时拧紧油杯一次。

（4）每班擦洗一次液压系统设备、主要部件，保持油箱、泵、阀件、仪表清洁。

（5）停电检查时，打扫电极压放平台电极把持器部件、清除液压管道上积灰及油污。

（6）每班排放环形料除尘器集灰斗的除尘灰。当除尘器布袋破损时，应及时更换布袋。

（7）每班定时巡回检查，发现设备异常应及时处理汇报。

（三）安全注意事项

（1）严格按要求进行对口交接班，规范穿戴好劳保用品，掌握好防毒面具的正确使用，并掌握适当的自救互救常识。

（2）巡检时应警惕工作现场的CO浓度。巡检应二人一组进行，一人检查，一人监护。当发生意外时，施救者应科学施救，及时报警。

(3) 对于设备转动（或振动）部位，运行时禁止打扫卫生、加油，设备运行时禁止从上方踩过或下方通过，禁止移动运转中的排风扇。

(4) 液压房内严禁烟火，检修动火必须办理动火手续。

(5) 液压系统发现起火，用二氧化碳灭火器或沙子灭火，严禁用水灭火。

(6) 若发现电极糊、电焊条等杂物掉落在油压设备上，应及时清除。

(7) 油压管路阀件严禁带压紧固。

(8) 液压房无关人员不得擅自进入。

（四）巡检内容

(1) 检查炉底温度是否正常，是否有发红现象。炉底风机是否有明显震动或异响，轴承润滑情况及风量风压是否有明显异常，电机工作温度是否正常。检查炉底是否有积水，如有积水应及时排净。

(2) 检查出炉除尘器是否工作正常。检查出炉除尘器风机是否有明显震动或异响，轴承润滑情况及电机工作温度是否正常。检查出炉除尘器反吹程序是否正常，插板或翻板是否到位。排灰系统工作是否正常。烟囱口排烟是否有明显粉尘排出。

(3) 检查三只冷却水分配器压力及所有阀门开度是否正常。检查三只集水箱所有冷却水回水管水量、水温是否正常。

(4) 检查炉盖部分，观察门是否关严。电极把持器位置高度是否和 DCS 指示一致。所有冷却水管胶皮管接头处是否有大量漏水。短网、导电铜管夹具、吊架螺丝是否有发红现象。

(5) 检查电极风机工作是否正常，有无明显异响。检查电极加热器是否工作正常。

(6) 检查电极压放平台所有液压管道，有无漏油。

(7) 检查电极夹紧缸、压放缸动作是否正常，有无不到位现象。电极筒筋板是否垂直、顺滑，筋板有无变形。夹紧缸与筋板夹紧动作、位置是否正常，压放缸上升高度是否到位。检查电极压放量是否准确。

（8）检查电极升降大立缸升降是否平稳，两只升降大立缸升降高度是否一致。

（9）检查液压泵及电机工作是否正常，有无异响，电机温度是否正常。检查油箱油位是否有规定范围。检查各类电磁阀工作是否正常。检查过滤器和冷却器工作是否正常，冷却器冷却水水量是否正常。检查液压系统所有仪表，工作是否正常，指标是否在正常范围。

（10）检查环形加料机除尘器工作是否正常，检查环形加料机除尘器风机是否有明显震动或异响，轴承润滑情况及电机温度是否正常。检查环形加料机除尘器反吹程序是否正常，插板或翻板是否到位。排灰系统工作是否正常。烟囱口排烟是否有明显粉尘排出。

（11）检查 12 只环形料仓料位是否正常，有无明显缺料或满料现象。

（12）检查环形加料机工作是否正常，运行时是否有明显的异响、震动。检查环形加料机三只电机工作温度是否正常。检查各刮板伸、缩动作是否到位。丝杆是否正常。环形皮带上是否有大量积料。

（13）检查一氧化碳报警仪工作是否正常。

（14）检查料机皮带机、配料皮带机运行是否正常，检查皮带松紧程度是否合适。检查皮带是否有跑偏现象。检查皮带走速是否正常。检查放料位置是否在中间。

（15）检查焦炭、石灰粒度是否正常，粉末量是否过多。检查混合料混合情况是否良好，是否有明显的焦炭、石灰分聚现象。

（16）检查焦炭、石灰称量斗下电振机工作是否正常，工作振幅有否明显异常，有无明显异响。电振机悬吊是否正常，有否脱落。

（17）检查称量斗工作是否正常，有否偏斜侧歪。压力传感器是否正常，是否有脱出。称量斗与压力传感器压接部位有否与其他物件搭接，影响称量精度。检查称量斗内物料容积是否有正常位置，有否明显上升或下降。

（18）检查焦炭、石灰电振机工作是否正常，工作振幅有否明显异常，有无明显异响。电振机悬吊是否正常，有否脱落。

（19）检查焦炭、石灰贮斗库存情况。

(五) 巡检路线

(1) 路线一

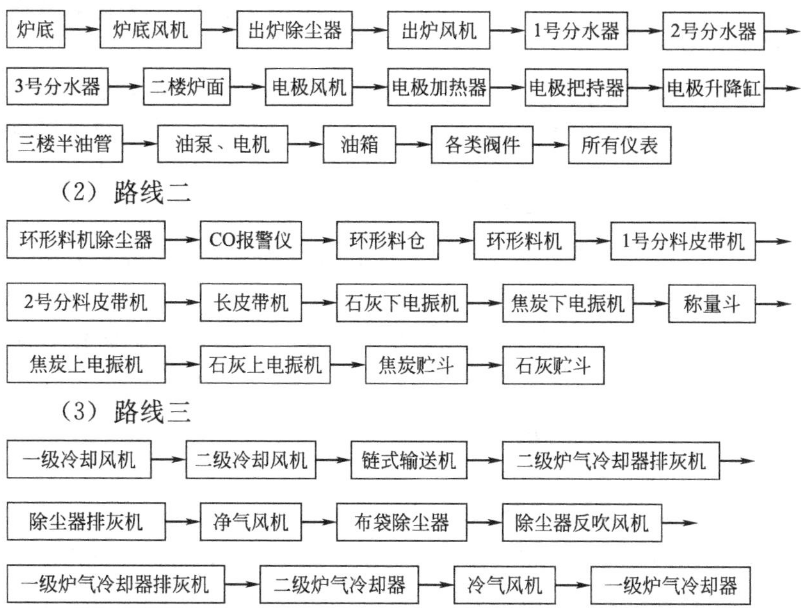

(2) 路线二

(3) 路线三

十五、净化岗位

(一) 岗位基本任务

根据电石炉的运行负荷操作炉气净化系统装置，保持电石炉适当的炉压，以利于电石炉稳定运行。负责所属设备的操作、维护、保养以及所属场地的清洁卫生工作。

(二) 设备维护保养

(1) 负责所属场地的清洁卫生工作。

(2) 交接班时必须检查风机、埋刮板机、提升机各传动部件的运行情况；是否有异响声；一旦发现异响声必须及时处理，避免故障扩大。

(3) 定时排放灰斗中的粉尘；排放时避免二次污染。

(三) 安全注意事项

(1) 严格按工艺控制指标执行。严密控制炉压、氢含量、除尘器进口温度等重要指标。

（2）一旦发现指标异常，必须及时停车处理，避免故障扩大。

（3）系统检修后开车前必须检查炉气管道上盲板是否抽除，并进行管道、设备的二氧化碳或氮气置换。

（4）需要进入空冷器、除尘器内部进行检查、检修时，必须事先在炉气管道上增堵盲板，将净化系统装置与电石炉炉气系统进行隔离，并进行先氮气置换、后氧气置换，经取样分析合格后，方可进入检查、检修，必要时在容器外设置专人监护。

（5）当电石炉发生塌料，炉气压力不能控制在指标范围内，必须及时打开粗气烟囱放散蝶阀。

（6）炉气温度异常迅速升高时必须及时通知电石炉岗位查明原因。

十六、电极糊岗位

（一）岗位基本任务

根据糊柱高度、电极长度及预计班电极消耗量，负责将合格电极糊加入电极筒，保持电极糊柱高度符合工艺控制指标。根据焙烧及停送电情况，负责电机风机、风门及加热器控制工作；负责所属设备的操作、维护保养和场地的清洁卫生工作。

（二）设备维护保养

（1）负责所属设备和场地的清洁卫生工作。

（2）交接班启动电动葫芦，检查其运行是否正常。

（3）交接班时必须检查钢丝绳是否完好，钢丝绳断裂 1/6 股时应更换新钢丝绳。

（4）每月 1 日、15 日钢丝绳加油。

（三）安全注意事项

（1）严格按要求进行对口交接班，穿戴好劳保用品。

（2）起吊电极糊时，要求关好吊口门并挂设注意重物坠落的警示。

（3）吊运电极糊时应将吊钩与电极糊袋捆扎牢固，以防止坠落。

（4）投糊前应检查皮套有无破损、脱落，是否伸进电极筒内。

（5）防止并检查糊块掉落至把持器部件或其他转动设备中。

（6）CO浓度值不超标的情况下，糊面测量方可进行。如有CO浓度值超标，应立即撤离至安全场所。如感觉呼吸不适，应立即到空气流通处，严重者应立即送医。

（7）严格控制糊柱高度在工艺指标范围内。每班应测量糊柱高度三次以上。

（8）糊柱高度测量时，禁止身体同时接触两相电极。压放电极时，禁止投加电极糊和测量电极糊柱高度。

十七、出炉岗位

（一）岗位基本任务

（1）根据电炉负荷及炉况，按规定时间出炉，并负责把热电石锅拉到冷却工段冷却，同时把冷却好的电石夹出按等级堆放好。

（2）出炉时规范取样，不随意取样。

（3）负责炉眼的维护和所属岗位设备操作、维护，负责场地的清洁卫生工作。

（二）设备维护保养

（1）所属岗位设备卫生工作每班打扫一次，第二个中班负责加油，平时拧紧油杯。

（2）严格交接班制度，接班前检查牵引机钢丝绳磨损情况；刹车，抱闸灵敏程度；出炉口通水部位有无漏水或断水，小车地辊磨损情况；铸铁轨道受损情况等。

（三）安全注意事项

（1）出炉前仔细检查出炉小车有无出轨，挂钩是否挂好，锅底有否垫好。

（2）禁止戴湿手套用电打炉眼。

（3）用烧穿器维护炉眼时，炉口一定要有空锅。

（4）换铁筋时，双手拿在端头，操作台后面不得站人，更不允许外来人员上炉台。

(5) 吹氧气时，氧气瓶应远离炉台，氧气皮管距离挡热门不得小于5m，以免回火伤人。正常情况下，应严格控制吹氧。

(6) 吊电石时，人要及时离开，防止压伤，烫伤。

(7) 出炉小车中液体电石不能装太满，液体电石小车两侧人员不得距离过近，防止牵引时表面液体电石晃出伤人。

(8) 电石块内有铁筋，锅耳等物，应做好明显标记，详细交班。

(9) 出炉时，遇通水部件漏水，应立即关闭水阀。

(10) 禁止移动运转中的排风扇。

十八、循环水泵岗位

(一) 岗位基本任务

(1) 负责把合格循环水送至电石炉，保证满足电石炉的冷却用水。

(2) 负责循环水的水质控制工作。

(3) 负责所属岗位设备操作、维护保养及场地清洁卫生工作。

(二) 设备维护保养制度

(1) 水泵启动时严格按操作法规定的操作顺序操作，不得违反。

(2) 每小时检查泵机轴承温度及电机温度，不得超过75℃。第二个中班给水泵加注润滑脂。

(3) 发现泵在运转过程中有噪声及其他异常声响要及时汇报并处理。

(4) 每小时检查冷、热水池液位，水位过低时必须及时补水，避免造成水泵气蚀。

(5) 保证自动过滤器运行正常。每年应清池一次，以保证循环水质的清洁。

(6) 当冷水温度超过35℃时开启冷却塔，控制冷水温度小于35℃。

(7) 做好所属岗位设备清洁卫生工作。

(三) 安全注意事项

(1) 开、停泵要严格按岗位操作法要求的操作顺序进行操作，紧急情况下，方可直接按下停车按钮。

（2）禁止触碰水泵等设备的转动部位。

（3）泵房因意外情况造成冷水系统停水，应立即向调度汇报。并采取措施尽快恢复供水。如不能立即恢复供水，应立即启动停水应急预案。

（4）水池内禁止洗刷或向内投掷杂物。

（5）冷热水池的人孔应加盖，防止人员掉落溺水。

（6）水位突然降低，应查明原因，及时处理。

十九、行车岗位

（一）岗位基本任务

（1）与出炉岗位、电石破碎岗位密切配合，做好冷却房电石吊运工作。

（2）与出炉岗位、破碎输送岗位配合，负责电石的吊运、堆放及破碎工作。

（3）负责电石的计量工作并做好本岗位的原始记录。

（4）负责所属岗位设备的操作、维护保养及场地清洁卫生工作。

（二）设备维护保养

（1）每班设备检查内容：

① 马达温度、钢丝绳磨损情况；

② 刹车及限位开关灵敏程度；

③ 导电滑块接触是否完好；

④ 车轮是否跑偏、卡轨现象。

（2）钢丝绳每月1日中班加油。

（3）搞好行车及空调清洁卫生工作。

（三）安全注意事项

（1）操作人员必须经专业培训、并经考核合格取得特种作业证后方可持证上岗作业。

（2）起动设备前必须打铃，起吊重物时必须在确认夹具夹牢后方可起吊。

（3）二台行车对向开车时，车速不能高于三级，最小间距应大于9m。

（4）不得起吊超重物件。

（5）禁止吊运氧气瓶、乙炔气瓶、油类、水等物质在冷却厂房内通过。

（6）不得把无关人员带入操作室。

（7）操作、检修人员进出行车时，必须从安全梯上下，并待行车停稳后，方可登上行车。不得从一台行车跨越到另一台行车，或行车未稳时急于跨越。

（8）设备检修时，必须切断电源，并挂设“严禁启动”牌子。

二十、石灰窑岗位

（一）岗位基本任务

（1）负责将入厂石灰石输送至石灰窑窑前仓；按石灰窑生产需要，将窑前仓内的石灰石通过计量后加入石灰窑。

（2）组织石灰窑的正常合理生产，保证石灰窑石灰产量，以满足电石炉的生产需要。

（3）将石灰窑生产的石灰输送至电石炉日料仓。

（4）负责所属设备的维护保养。

（5）负责所属场地清洁卫生工作。

（二）设备维护保养

（1）初次开窑时必须严格按要求进行烘窑操作。

（2）每班检查卷扬机钢丝绳，发现断股1/6以上时，必须及时更换。钢丝绳定期加油。

（3）定期检查各传动设备的运行状况，定期补加润滑油。

（4）定期检查风机冷却水是否畅通，流量是否正常。

（5）烘窑阶段废气应从旁路排放，不得进入除尘器。

（6）当外部停电时，必须及时启动冷却风机备用电源，防止内套筒过热损坏。

（7）水封、排水器应定期检查水位，冬季应采取防冻措施。

（三）安全注意事项

（1）石灰窑开窑点火时，如果点火失败，尝试重新点火之前，必须切断燃烧控制器，并重新连接、设置。

（2）炉气管道通气生产前，必须进行气体置换合格。

（3）炉气管道必须具有可靠的防雷、防静电接地装置。因检修拆除的防雷、防静电接地装置必须及时恢复。

（4）炉气管道严禁用金属物敲击、撞击。使用钢制工具工作时，应在工具上涂上甘油或黄油。

（5）石灰窑停窑检修时，必须关闭炉气总管的切断阀和盲板阀，将石灰窑与炉气系统彻底隔离后，并经过气体置换合格，方可进行。

（6）传动设备检查、检修时，必须切断供电电源，并挂设“禁动”牌。

二十一、空分空压岗位责任制

（一）岗位基本任务

（1）负责空压机、制氮机正常生产操作。按生产所需氮气、空气量合理开停空压机、制氮机。

（2）负责所属设备的维护保养工作；负责所属场地清洁卫生工作。

（二）设备维护保养

（1）运转中发现有异常声响或不正常振动必须立即停机检查。

（2）定期检查并补充润滑油。

（3）开机前必须检查确认空压机冷却水进口阀已开启，并检查确认冷却水流量正常。

（4）冬季停开空压机时，应关闭冷却水进口阀，并放尽机内存水。

（三）安全注意事项

（1）开车前必须检查空压机油池中润滑油在标尺范围内，并检查注油器内的油量不应低于刻度线值。

（2）检查防护装置及安全附件是否完好。检查各进水阀是否打开，冷却水是否畅通。

（3）设备必须在无载状态下起动，待空载运转情况正常后，再逐步使空气压缩机进入负荷运转。正常停车时应先卸去负荷，然后关闭发动机。

（4）当空压机在运转中发现下列情况时，应立即停车，查明原因，并予以排除。

① 润滑油中断或冷却水中断。

② 水温突然升高或下降。

③ 排气压力突然升高、安全阀失灵。

④ 负荷突然超出正常值。

⑤ 机械响声异常。

⑥ 电动机或电气设备等出现异常。

（5）停车后关闭冷却水进水阀。冬季低温时必须放尽汽缸套、各级冷却器、油水分离器等的存水，以免发生冻裂事故。

（6）空压机必须有可靠接地，不允许直接接在空气输送管或冷却水管上，防止因漏电造成危险。

（7）电源线在进线口必须有绝缘保护，避免因磨擦使线皮破损漏电造成危险。

二十二、检修岗位责任制

（1）检修人员应掌握适当的气体防护知识和自救、互救常识。发生中毒、窒息事故时，检修人员应立即报警，在条件许可的情况下科学施救。

（2）完成车间方针目标所规定的设备管理工作。

（3）负责全车间所有设备的日常维护、保养和一般性的检修工作。

（4）夜间值班，做好夜间设备巡回检查和设备抢修工作。

（5）每周进行二次包机设备巡回检查。

（6）每日夜间进行一次重点设备巡回检查。

（7）由队长做好检查记录，及时掌握设备状况。

（8）生产设备达到完好标准，做到机件、管道完整，安全装置可靠，防腐良好，设备完好率大于95%。

（9）及时消除设备上的“跑、冒、滴、漏”，全部设备的静密封泄漏率小于等于0.5%。

（10）工场每天打扫一次，自备库保持清洁，各种起重工具摆放整齐。

（11）执行动火证手续、检修工作票制度以及设备检修规程，做到安全检修。进塔入罐检修作业应进行气体通风置换，取样分析合格后方可进入，并有专人监护。发生中毒、窒息事故时，监护人应立即报警，并科学施救。

（12）及时处理设备故障和缺陷。凡遇重要设备故障（如电石炉）一定要组织抢修。

（13）把牢质量关，不返工，做到文明检修。

（14）检修用料，厉行节约。

（15）负责做好车间自做备件。

（16）开展小改小革，维护运用新材料、新技术。

（17）氧气瓶、乙炔气瓶不得用小吊吊运。工作现场氧气瓶和乙炔气瓶应有足够的安全间距。

二十三、制电极壳岗位责任制

（1）完成车间方针目标所规定的任务。

（2）负责电石炉三相电极内筒的制作和对接工作。

（3）负责电石炉出炉口工具及烧穿器等维护的日常工作。

（4）按时完成电极筒的制作工作，并确保20只以上的备用筒。

（5）电极筒对接采用电焊。铆工必须配合焊工作业以确保三相电极的垂直度小于1‰。

（6）电焊时，铆工必须在场监护。

（7）每天焊好吹氧管、出路圆钢、炉子、推耙等工具。

（8）每周维护检修炉口烧穿器一次。

（9）保持工场清洁卫生工作。

（10）按车间布置的任务做好计划检修项目。

（11）严格执行安全检修规程。

（12）维护好三相电极（壳体部分）。

（13）凡电极故障必须迅速排除。

（14）修旧利废，充分利用边角料。

二十四、中控分析岗位责任制

（1）完成车间方针目标所规定的任务。

（2）负责焦炭、石灰、电石的生产控制分析和临时检修所需的安全、动火分析。

（3）负责产品质量的监督。

（4）分析出窑石灰质量每班一次，要求生过烧＜5％，全 CaO ＞90％。

（5）分析投炉石灰质量每班一次，生过烧＜5％。

（6）分析投炉焦炭质量每天一次。

（7）电石热样发气量每炉一次。

（8）临时安排的动火气体分析及进塔入罐作业气体分析。

（9）规范取样，不随意取样。

（10）分析器具、用具、仪器、器皿摆放规范、整齐。分析场地、操作台清洁卫生。

（11）分析废液、废渣按规定处置，不随意倾倒，造成二次污染。

第三节　工艺管理制度

一、工艺技术规程的管理

（一）电石生产企业工艺技术规程内容（可按产品的性质略加变动）

（1）产品说明：包括产品中、英文名称及化学名、分子式、结构式、理化性质、产品技术（质量）、用途及包装、储运说明等。

（2）原材料规格：包括分子式、结构式、理化性质、质量标准及储运的特殊要求等。

（3）各工序生产原理及反应机理（包括计算公式及方法）。

（4）各工序流程叙述及带控制点的工艺流程图。

（5）操作技术条件（包括投料配方等）。

（6）生产控制指标：包括工艺操作、原材料、半成品及产品质量指标等。

（7）副产品（物）及“三废”处理（包括“三废”排放标准）。

（8）消耗定额：包括原材物料消耗，水、电、汽、气消耗及辅助材料消耗。

（9）设备一览表（包括设备、管道的色标和安全色标标注等）。

（10）产品、中间产品及原材料检验方法。

（11）安全生产技术规定：包括防毒、防火、防爆、劳动保护及工业卫生等。

（12）其他。

（二）工艺技术规程的编制（修订、复审）和审批

（1）工艺技术规程由公司生技管理部门负责组织编制、修订、复审，公司总工程师或主管技术负责人审查批准，发至车间和装置主管部门作为生产工艺法规执行。

（2）工艺技术规程的更动权属公司生技管理部门，批准权属公司总工程师或主管技术负责人。

（3）工艺技术规程如有更改，应将更改之处详细说明，作为工艺技术规程的补充，附于“规程”后页，待再版时重新编入修订。封面应注明某年某月第几次修订及修订者和批准者的姓名。

（4）工艺技术规程编制（修订、复审）后，工艺技术规程重新修订后应重新印刷、颁布，重新颁布后应送档案管理部门归档一份。

（5）工艺技术规程每五年修订、复审一次。如果工艺技术规程在有效期满后，实际工艺技术更改不多，可以由公司生技管理部门提出，公司总工程师批准，将工艺技术规程有效期延长。工艺技术规程有效期延长后，不需要重新印刷，在原有工艺技术规程上作明显的复审标识。

（三）工艺技术规程的监督检查

（1）公司生产管理人员及所有操作人员，必须严格执行工艺技术

规程所规定的各项工艺纪律。

（2）公司生技管理部门负责监督、检查、考核车间（装置）工艺技术规程和各项工艺纪律执行情况。不断完善和规范工艺技术管理。

二、岗位操作法的管理

（一）所有生产岗位都必须建立岗位操作法，无岗位操作法不准开车投产。

（二）岗位操作法的基本内容

（1）岗位基本任务。

（2）岗位流程叙述，并附带控制点工艺流程图。

（3）所管辖的设备、管道、区域、附设备一览表。

（4）操作方法

① 开车及其准备。

② 开车步骤。

③ 正常操作方法。

④ 停车及其准备。

⑤ 停车步骤。

⑥ 停车后的处理。

⑦ 其他特殊操作。

（5）不正常情况及事故处理

① 一般不正常情况的出现原因及处理方法。

② 停水、电、汽等紧急情况的出现原因及处理方法。

（6）操作控制指标（包括工艺连锁指标和安全阀的压力整定值）。

（7）设备维护保养。

（8）车间、装置生产现场环境保护和工业三废排放。

（9）DCS 台面操作控制。

（10）有关安全规定及注意事项。

（三）岗位操作法的编制（修订、复审）和审批

（1）岗位操作法由车间（装置）工艺员负责编制（修订、复审），经车间主任（装置主管）审查后报公司生技管理部门审核，最后由公

司总工程师或主管技术负责人批准执行。

(2) 岗位操作法执行中，如遇生产条件变动，执行发生困难时，车间（装置）工艺员应及时提出修改意见，并按规定程序上报，经审核审批后执行。如实践证明是可行的，在修订时应纳入岗位操作法中。未经批准，不得做任何试探性操作。

(3) 岗位操作法每五年修订、复审一次。如岗位工艺设备改变更，原操作步骤和方法已不适用，而需要改变岗位操法时，则必须及时补充修订。

（四）岗位操作法的监督检查

(1) 岗位操作法任何人不得违反，违者按违纪处理，严重者给予行政处分直至追究法律责任。

(2) 车间（装置）工艺员负责各岗位及装置岗位操作法执行的监督、检查及考核，公司生技管理部门负责监督、检查、考核车间（装置）的岗位操作法执行情况。

三、岗位原始记录的管理

（一）岗位原始记录包括

(1) 岗位交接班记录。

(2) 岗位操作生控指标报表记录。

(3) 各种仪表自动记录。

(4) 中间控制报表和分析单。

(5) 质量报表和分析单。

(6) 岗位操作票。

(7) DCS台面操作和自动记录。

（二）对岗位原始记录的要求

(1) 严格、认真、及时、如实记录生产控制指标数据，做到数据准确，记录及时清楚。不允许弄虚作假，防止漏记、假记和不记，杜绝提前和推迟及一次性集中记录等现象。

(2) 原始记录统一用蓝黑墨水填写，要求书写端正清晰（最好用仿宋体填写）不能潦草，如果数字（文字）写错不得乱涂改，应将原数字（文字）用双斜线划掉，在原数字（文字）的边缘处插入正确的数字和文字。

（3）凡是原始记录规定的项目，不得漏项不记。对数字报表如果某一项目，当时没有这项内容可记，则应在该空格处划条斜线表示，若全表无数字可填，则应在整个空白表格上用文字注明“停车”、“大修”或“以下空白”等字样表示，不得空白不填。

（4）记录报表应保持清洁、完整，不得乱涂乱画，损坏报表和岗位原始记录本。抄表时仪表有故障，应注明原因，及时联系处理。

（5）报表记录时间，下一小时的记录，应在前一小时的四十五分至正点内抄表，确保抄表时间周期均衡，不在此时间内抄表都视作违纪行为。如因工作需要调整抄表时间，该单位必须统一调整，不得几种抄表时间在同一单位的不同岗位并用。

（6）DCS 台面自动监控记录数据，未经有关主管部门和领导批准同意，不许人为进行强制修改、删除，一经发现，以违纪论处。

（三）交接班记录内容

（1）本班生产情况（包括负荷变动、设备开停、设备检修及设备备用、阀门变动及机电、仪表运行和使用、任务完成及各项指标的执行情况）。

（2）本班发生的不正常情况及原因分析。

（3）存在的问题及下一个班注意的事项（尤其是本班所发生的各类事故和不正常情况要交接清楚，事故前的异常现象，判断分析及处理经过，主、客观原因都不得隐瞒）。

（4）原材料和产品质量及存在的问题。

（5）设备运行、跑、冒、滴、漏情况。

（6）“三废”排放处理和工业卫生条件情况。

（7）工具数量、缺损、增补情况。

（8）现场环境及岗位清洁卫生。

（9）上级部门领导工作指令、要求和注意事项。

（四）原始记录执行情况的监督检查和评选通报

（1）车间（装置）班组长、工段长、工艺员有责任监督、检查岗位原始记录执行情况。

(2) 车间(装置)班组长、工段长应按岗位原始记录要求,督促岗位操作人员按时、按要求、及时抄表记录,确保原始记录的正确性。

(3) 车间(装置)工艺员每天对岗位原始记录报表要及时收集、分析、监督、检查,并做好台账统计。

(4) 车间(装置主管)每个月要对各岗位原始记录报表进行检查讲评,通报给班组岗位。

(5) 公司每月也要对各车间(装置)的岗位原始报表进行检查评选,奖优罚劣,并通报给各厂(车间、装置)班组。

(五) 原始记录保管办法

(1) 一般操作记录日报表和交接班本,由车间(装置)工艺员保管。

(2) 重要开停车、特殊操作、不正常情况的记录报表和文字记录本、工艺监测仪表自动记录纸等,经整理列入工艺台账保管。

(3) 一般的仪表自动记录纸保存一年,操作票保存三年,其余的原始记录需保存四年。

四、生产控制指标的管理

(一) 生产控制指标的范围

(1) 工艺指标:生产过程涉及的物料、中间体、成品的质量指标和中控指标。

(2) 设备装置所涉及的润滑、运行温度、压力等指标。

(3) 电力电器指标(包括电流、电压、温度、绝缘、周波、功率因数等)。

(4) 安全指标(包括连锁装置运行和安全阀的压力整定值)。

(5) 三废排放指标(包括生产现场的环境条件要求)。

(6) 工业卫生指标(包括车间的劳动条件)。

(二) 生产控制指标的管理权限

生产控制指标实行集团公司、分公司、子公司、车间(装置)三级管理。凡涉及重大安全、环保、质量以及相互影响较大的指标由集团公司统一管理，其余指标由各分公司、子公司管理，各分公司、子公司及车间（装置）管理的指标由各分公司、子公司自行确定和制订管理办法。

（三）生产控制指标的制订

生产控制指标的制订按专业分工归口管理，公司级生产控制指标由集团公司生产部主管。工艺、能源消耗指标由生技能源主管；质量指标由质监主管；设备运行和动力电气指标由设备、电气运行主管；安全和三废排放指标由安全、环保主管；工业卫生指标由职防主管。生产中发生不正常情况，集团公司生产部应及时组织有关单位研究处理。

生产控制指标制订（修订、复审、变更），由车间（装置）工艺员根据工艺规程和生产实际情况，提出指标建议数，申述理由，并附计算资料，由各分、子公司生技管理部门审查确定，逐级上报。分公司、子公司管理的指标，由分公司、子公司总工程师或主管技术负责人批准；集团公司管理的指标，由集团公司总工程师或主管生产管理负责人批准；属车间（装置）管理的指标，由车间主任（装置主管）批准后执行，并报上一级生技管理部门备案。

生产控制指标一经批准实施，各项指标必须严格控制在允许范围内，任何人不得随意改动。如遇生产条件变化或不正常情况，指标确实无法控制时，应按岗位操作法改动处理（紧急情况例外），岗位操作人员或生产班组负责人应及时向分公司、子公司调度室汇报，以便采取必要措施。若需要变更指标，应按指标变更管理规定权限，办理变更手续。

（四）生产控制指标的执行

生产控制指标的实际控制数据，必须按时、如实地反映在原始记录报表上，记录必须与当时指标控制数据相符。

生产调度或有关生产技术管理人员查询指标执行控制时，生产岗位操作人员必须准确反映，以利于正确指挥协调管理生产。

岗位操作人员是生产指标控制的执行者，应随时监视指标的波动情况，如发现超出控制范围或指标无法控制时，应及时查找出原因，采取有效措施，控制指标相对稳定，并立即向值班调度台汇报指标波动情况。

生产作业班长和值班主任是当班生产的负责人，应经常监督检查重要指标的运行情况，并负有向调度准确汇报指标控制情况和协助岗位操作人员处理异常和事故的责任。

岗位操作人员因责任心不强，可以控制而不严格控制指标或班长、值班主任制止不力，造成生产工艺运行恶化和损坏设备及事故者，视情节轻重程度实行经济处罚和行政处分，直至追究法律责任。

为保证指标检测的准确性，必须加强计量仪表、分析测定的管理，计量仪表应按规定定期校验，分析测定应严格按标准进行。如遇不正常情况，应临时增加校验和测定次数，有关部门必须认真执行。如遇指标检测仪失灵和损坏，生产车间（装置）和主管部门必须及时组织修复，避免凭经验操作而发生意外。

（五）生产控制指标的监督、检查

集团公司生产部负责监督、检查各分、子公司生产控制指标的执行情况，对生产控制指标中存在的技术问题有责任协助研究解决。

各车间（装置）和分、子公司工艺技术管理部门要建立生产控制指标台账；车间（装置）和生产技术管理部门应按生产控制指标分管项目、内容，按月逐级上报指标合格率和集团公司管理的生产控制指标执行情况。

五、工艺变更管理

（一）工艺变更范围

凡涉及到设备的设置、管线和阀门的改动和增减、物料流向的改变、主要设备中涉及生产能力、产品质量、安全和环保的工艺参数及控制测试手段的变更等，均属工艺变更范围。

（二）工艺变更审批范围

任何工艺变更必须先审批，后实施。未经审批不得进行试探性变更。

工艺变更的审批实行分级管理、逐级审批的办法。

1. 属公司审批的工艺变更范围

(1) 涉及重大危险源装置的变更，包括：

① 主要工艺和主要流程的改变；

② 公司级控制参数的变更；

③ 联锁、保护指标的变更；

④ 控制测试手段的变更。

(2) 涉及产品整个生产工艺或某一生产工序工艺和主要流程的改变。

(3) 厂际间相互供应的物料管道、工艺参数的变更。

(4) 公司级工艺指标的变更。

(5) 公司管设备选型、改造的变更。

2. 由各单位生产负责人或总工程师审批的工艺变更范围

(1) 对安全、质量、环保有影响的局部工艺管线的变更。

(2) 各车间相互联通的工艺管线的变更。

(3) 主要设备生产能力与工艺参数的变更。

(4) 生产装置中主要设备选型的变更。

(5) 某一生产装置工艺路线和流程的变更。

(6) 全厂生产能力配套的技术改造。

(7) 涉及厂管工艺控制指标的变更。

(8) 厂内公用工程品种、数量和流程的变更。

(9) 生产装置中测试方法与控制手段的变更。

3. 除以上范围外的其他工艺变更由生产车间主任审批。

(三) 工艺变更审批程序

1. 公司级工艺变更审批程序

(1) 生产科（生技科）提出工艺变更报告（内容、理由、技术方案、投资效果及实施方案并附图纸）报生产负责人或总工程师。

(2) 总工程师或生产负责人审查并签署意见后报公司生产部。

(3) 公司生产部对各单位报送的公司级工艺变更报告，进行审核签署意见，经相关部门和领导会签审核批准后执行。

2. 厂级工艺变更审批程序

（1）由生产车间或有关部门提出工艺变更报告（内容、理由、实施方案并附图纸）报本单位生产科（生技科）。

（2）生产科（生技科）对工艺变更报告审查，签署意见后，报生产副总经理（副厂长）或总工程师，审核批准后实施。

3. 车间工艺变更审批程序

（1）由车间工艺员提出工艺变更报告（理由、内容并附图纸），报本车间主任。

（2）由车间主任审核批准后实施。

（四）工艺变更的实施和监督

工艺变更由项目提出单位组织实施。

工艺变更实施后，项目提出单位要对实施情况进行跟踪管理，对实施效果作出评价，将总结材料报生技科（生产科）备案。涉及工艺流程及设备变更的项目应及时在竣工图上进行修改完善并备案存档。

（五）工艺变更资料管理

工艺变更申请表一式三份，申请单位、施工部门、生技科（生产科）各留一份存档（若变更内容涉及单位较多，可适当增加份数及相关部门备案）。

每年初生技科（生产科）汇总整理上一年度的工艺变更资料，交各单位档案室归档做永久性留存。

生技科（生产科）和项目所在单位应及时记录工艺变更台账。

六、堵抽盲板管理

（一）堵抽盲板作业证的审批

堵抽盲板作业证必须统一使用公司印发的“堵抽盲板作业证”。

堵抽盲板作业证由车间主任（装置主管）审核，经公司生产主管部门和安全主管部门批准，经措施落实人和现场安全监护人签字后执行。

在生产过程中，有计划的正常进行堵抽盲板作业，均应先办理书面审批手续后作业。但遇紧急情况或夜间突发情况需要紧急进行盲板隔离作业时，可根据实际情况按事故处理进行，在确保安全的前提下，经车间主任（装置主管）或生技科长（生产负责人）同意，可先作业后再补办书面审批手续。

（二）堵抽盲板作业程序

堵抽盲板作业，必须严格执行堵抽盲板作业程序。由车间（装置）工艺员开具堵抽盲板作业证，一式二份（交现场一份，工艺员留存一份），提出盲板作业部位、理由、管内介质、介质毒性、管径、材质、操作压力、操作温度、安全防范措施和注意事项，正确绘制出堵抽盲板作业部位图。

每份作业证，只适用于一次作业。第二次作业必须重新办理堵抽盲板作业审批手续，开具盲板作业证，不允许一份作业证，用作二次作业。但在同一台设备或容器的若干根管道进出口和同一作业组进行堵抽盲板作业时，可进行若干块盲板堵抽作业，进行这类堵抽盲板作业时必须在盲板部位图上标明盲板序号，逐块进行。

盲板堵抽的部位、数量、规格，必须与《堵抽盲板作业证》一致，若有变动，必须重新办理开具堵抽盲板作业证。

堵抽盲板作业完毕，必须在盲板部位挂上醒目的盲板标志牌，现场施工负责人在作业证上签字，并负责将作业证连同现场记录交回给车间（装置）工艺员统一保存。

（三）盲板的管理

车间（装置）工艺员要及时进行堵抽盲板作业台账统计，认真做好盲板堵抽作业管理台账（对永久性盲板还要有定期检查、管理记录台账）。

第四节　装置联动试车管理

一、联动试车的目的

为了保证安全实现工程装置的化工投料试车，更快地进入化工投料试运行阶段，考核设计、施工、机械制造质量以及安装或检修质量，必须对范围内的设备、管道、电气、自动控制系统等进行联动试运行。通过联动试车来检查整条生产工艺线上设备的相互配合情况及工艺流程是否符合设计和施工要求，进一步考核电控装置是否可靠，信号装置是否准确无误，安装质量是否符合验收标准。对系统内不符合相互适应性、连续性及安全可靠性不良之处，应及时整改。通过联动试车，使生产、管理、操作人员熟悉、掌握开车、工艺控制、调节等有关技术，为化工投料试车做好准备。

新工程建设完成、大型技改项目完成或装置大修工作完成后，均应进行联动试车工作。

二、联动试车人员组织

联动试车应由公司技术负责人任试车总指挥，负责试车工作的总体安排。负责组建试车工作小组（如有必要可以组建试车指挥小组，按试车工序下设若干试车工作小组）。负责组织联动试车方案的编制和审批工作。

试车工作小组人员应包括公司技术部门、车间的工艺专业、设备专业、电气专业、自控专业、安全环保专业人员。试车工作小组根据各自试车的范围，编制试车方案报总指挥审查、批准。负责试车方案规定范围内的全部试车工作，并如实记录，并编制试车报告。

三、联动试车的条件

（1）联动试车方案已经编制并且经过审批。

（2）系统内所有设备、管道、电气、仪控专业，已按设计和施工规范及标准进行全面检查，质量符合要求。无任何影响试车的遗留尾项。

（3）传动设备已经过单机试车，通过单机验收。传动设备各润滑点已按要求注入润滑脂。齿轮箱已按要求加入润滑油，油位符合要求。

（4）气体介质管道已经过气密性检查及管道吹扫合格。外保温工作完成。介质名称、流向标示完成。

(5) 液体介质管道已经过查漏及管道清洗合格。外保温工作完成。介质名称、流向标示完成。

(6) 油泵、液压系统已经过单独系统试车。系统内已注入需要的液压油。

(7) 电气已经过调试合格。

(8) 电石炉本体各绝缘点检测合格。

(9) DCS系统组态工作完成。仪表及DCS操作系统经过调校合格，有关参数设置完成。

(10) 所有料仓经过检查，无杂物落入。

(11) 试车所需水、电、压缩空气确保稳定供应。原料干焦、石灰已具备生产供应条件。

(12) 各项工艺指标、联锁、报警整定值、安全阀整定值已经经过生产管理部门的批准、发布，可以执行；原始记录表单已经印发到位。

(13) 联动试车各工序与公司内外部的安全、消防、急救等通讯联系畅通。

(14) 消防器材、气体防护器材齐备；可燃气体报警装置、火灾报警装置已经安装完成，经过专业管理部门验收、批准使用。

(15) 特种设备经过专业管理部门验收、批准使用；特种设备操作人员经过专业管理部门的考核、发证。

四、联动试车的要求

(1) 试车过程应严格按方案进行，不得擅自更改。如试车过程中发现试车方案存在问题，确实不能执行，必须对试车方案履行正式的变更审批手续后，才能执行。

(2) 试车过程应按设备、按步骤逐一进行，不得遗漏。

(3) 试车过程应做好详尽的试车记录。

五、试车工具

对讲机、钳形电流表、测速器、测振仪、测温仪、听针、摇表、卷尺、直尺、计时器、记号笔等。

六、联动试车重点

1. 输送系统联动试车应达到的要求

输送机系统联动试车应先空载后负载的方式进行。

(1) 输送系统远程自动、手动控制及就地开关准确、灵敏，启停动作无误。

(2) 输送系统电气、自控联锁应符合工艺设计要求，联锁准确、灵敏，启停动作无误。

(3) 输送系统拉绳开关、跑偏开关等安全装置准确、灵敏。

(4) 输送机走带平稳，输送带跑偏量在带宽的5%以内。

(5) 输送机皮带走速正常，满足工艺设计要求。

(6) 加载应从小逐渐增大，按额定输送量的50%、80%、100%加载，每种负载下运行时间不少于1h。

(7) 分别测量在空载和负载100%状态时的电机输入电流，其值应小于电机技术说明给出的值。

(8) 输送系统各转载点的物料通过应顺畅，不得发生堵料和漏料。

2. 风机联动试车应达到的要求

(1) 风机远程自动、手动控制以及就地控制信号准确，启停动作无误。

(2) 风机电气联锁、自控联锁应准确、灵敏，启停动作无误。

(3) 变频控制的风机其变频控制准确，联锁参数对应准确。

(4) 风机配置电动（或气动）阀门远程自动、手动控制准确、灵敏，开关动作无误。模拟量控制阀门开合量准确。

(5) 分别测量空载和100%负载状态时的电机输入电流，其值应小于电机技术说明给出的值。

(6) 测定风机的震动情况，振幅不大于0.03mm，并每隔10min测定一次，观察有无变化。

(7) 测定轴承温度和电机定子温度，轴承温度不超过65℃，电机定子温度不超过75℃。热工联锁保护动作正常、灵敏。

(8) 连续运行4h后，电流值、震动值、温度均应在合格范围内。

3. 水泵联动试车应达到要求

（1）水泵远程自动、手动控制信号准确、灵敏，启停动作无误。

（2）水泵电气联锁、自控联锁应准确、灵敏，启停动作无误。

（3）变频控制的水泵其变频控制准确，联锁参数对应准确。

（4）水泵配置的电动（或气动）阀门远程自动、手动控制准确、灵敏，开关动作无误。模拟量控制阀门开合量准确。

（5）测量水泵电机电流值，不应超过水泵技术说明中电流额定值。

（6）测量水泵电机温度及轴承温度，应符合水泵技术说明的额定值。热工联锁保护动作正常、灵敏。

4. 烘干系统联动试车应达到要求

（1）烘干系统远程自动、手动控制信号准确、灵敏，启停动作无误。

（2）烘干系统电气联锁、自控联锁应准确、灵敏，启停动作无误。

（3）沸腾炉圆盘给料机、鼓风机以及烘干筒电机有变频控制，变频控制量应准确，参数对应准确。

（4）系统所有测量仪表应准确。

（5）冷风阀与烘干机进口温度联锁，其联锁控制信号准确、动作灵敏。

（6）除尘器反吹程序正常，输灰系统联锁信号准确，设备启停动作正常。

（7）清灰拉灰车辆进出作业正常。

5. 套筒石灰窑系统联动试车应达到的要求

（1）设备启动顺序

上料系统：石灰窑料位计—旋转布料器—上料翻板阀—上料卷扬机—上料斗—称量斗—拖料皮带机；停机顺序相反。

出灰系统：窑底鳞板给料机—液压门—振动出灰机；停机顺序相反。

（2）HIM画面远程自动、手动控制信号准确，设备启停动作无误。

（3）卷扬机在下列地方装有急停开关：（a）窑顶；（b）卷扬机房；（c）称量室；（d）控制室。按下其中任一急停开关加料系统都会停止运行。

（4）系统联锁

要求以下联锁控制正常：

① 系统开始加料程序联锁：

a. 上料斗在低料位；

b. 上料斗为空斗；

c. 上料翻板阀关闭；

d. 料钟关闭；

e. 称量斗液压阀门关闭；

f. 称量斗装满料；

g. 旋转布料器在初始位置。

② 除尘器风机启动与石灰窑废气出口温度低联锁。

③ 除尘器风机启动与除尘风机出口阀关闭限位开关联锁。

④ 旁路阀与石灰窑废气出口温度高、低联锁。

⑤ 冷却风机启动与风机出口阀限位开关联锁。

⑥ 备用冷却风机自动启动与上、下套筒冷却空气流量低联锁。

⑦ 冷却紧急电源与主电源供电联锁。

⑧ 冷却风机运行切换顺序联锁。

⑨ 冷却空气出口温度低与风机停止联锁。

⑩ 下列报警与燃气切断阀联锁关闭：

a. 下套筒进口冷却空气流量低；

b. 上套筒进口冷却空气流量低；

c. 上套筒出口冷却空气流量低；

d. 下套筒出口冷却空气温度高；

e. 出口冷却空气压力非常低。

⑪ 驱动风机启动与内套筒冷却风机出口压力非常低、窑顶负压低联锁。

⑫ 驱动风机出口压力与驱动风机变频器联锁控制。

⑬ 废气风机启动与风机出口阀关到位限位开关联锁。

⑭ 废气风机启动与去除尘器阀或旁路阀开（或关）限位开关联锁。

⑮ 烧嘴控制箱启动与内套筒冷却空气风机启动、废气风机启动、驱动风机启动联锁。

(5) 系统报警

要求以下报警信号正常：

① 当加料系统在一定时间内未完成加料程序；

② 当卸料系统开始工作，而在一定时间内加料系统未开始加料工作；

③ 除尘器前后压差大；

④ 废气风机振动大；

⑤ 风机出口阀开关未到位；

⑥ 燃气控制箱报警：

a. 下套筒进口冷却空气流量低；

b. 上套筒进口冷却空气流量低；

c. 上套筒出口冷却空气流量低；

d. 下套筒出口冷却空气温度高；

e. 上套筒出口冷却空气温度高；

f. 风机出口冷却空气压力过低；

g. 燃气切断阀漏气；

h. 燃气温度高；

i. 燃气压力低；

j. 燃气压力高；

k. 风机出口驱动空气压力低；

l. 二台驱动空气风机同时停止；

m. 窑出口低负压；

n. 废气风机停止；

o. 压缩空气压力低。

(6) 试车石灰窑料位计给出低料位信号和高料位信号时，系统的工作状况。

(7) 试验上料斗的上、下限位位置是否正常。

（8）试验上料斗与称量斗液压门的联锁配合是否正常。

（9）试验旋转布料器每个加料批次的旋转位置是否正常。观察旋转布料器与上料翻板阀的联锁配合是否正常。

（10）逐一试验4个急停开关是否能够达到加料系统停止的作用。

（11）试验上料卷扬机加料速度是否满足生产需要。

（12）试验加料过程中每个动作完成时HIM画面显示限位指示是否正确。

（13）试验液压出料推杆动作速度是否满足生产需要，动作位置是否准确。

（14）观察HIM画面记录中加料次数、时间、加料量是否与实际相符。

6. 电石炉系统联动试车应达到要求

（1）系统联锁关系

① 配料系统设备启停顺序联锁。

② 环形料仓求料信号与配料系统设备启停联锁。

③ 炉压超高与放散烟囱蝶阀联锁。

④ 炉温超高与净化烟道蝶阀联锁。

⑤ 炉气氢含量超高与净化烟道蝶阀联锁。

⑥ 放散烟囱蝶阀为常开阀，在驱动空气失压时，该阀自动到全开状态。净化烟道蝶阀为常关阀，在驱动空气失压时，该阀自动到全关状态。

（2）系统报警

① 环形料仓低低料位报警。

② 冷却水水温超高报警。

③ 炉压超高、超低报警。

④ 循环水水压超低、超高报警。

⑤ 炉气温度超高报警。

⑥ 炉气氢含量超高报警。

（3）配料系统设备启动顺序：

环形加料机→19号皮带机（或20号皮带机）→可逆皮带机→称量→拖料皮带机

（4）HIM画面远程自动、手动联锁信号准确、灵敏，设备启停动作无误。

（5）试验称量零点及设定值调整灵敏、配料称重正常，要求称量精度小于0.5%，零点无漂移现象。

（6）试验石灰、焦炭在加料皮带上分布及混合均匀，无物料分聚现象。

（7）HIM画面自动、手动控制方式试验电极升降动作，要求上下动作平稳、两侧大立缸动作一致。升降速度满足工艺要求。电极在上下限位时与其他部件无任何相碰现象。通水电缆松紧程度合适，无渗漏水现象。

（8）HIM画面自动、手动控制方式以及就地方式试验电极压放动作，各夹紧缸、压放缸动作顺序及动作位置正常。自动压放时，间隔时间准确。测量压放量，要求压放量准确。

（9）试验出炉系统，小车、钢丝绳、牵引机、轨道各部件在小车运行时平稳，速度满足生产需要。挡屏、炉嘴、烧穿器、接触器开关手轮等满足方便操作要求。通水阀门开关满足方便操作要求。

（10）试验出炉除尘系统，各烟道蝶阀开关要求方便操作。除尘器反吹程序启停正常。输灰、清灰系统工作程序正常。灰库卸灰操作正常，运灰车辆进出便利。

7. 净化系统联动试车应达到要求

（1）联锁和报警点

① 净化烟道蝶阀与放散烟囱蝶阀联锁，当净化烟道蝶阀关闭时，放散烟囱蝶阀自动打开。

② 当电石炉运行状态异常时报警，严重时自动切断净化烟道蝶阀。异常状态包括：电石炉烟气温度高、炉气氢含量高超标、炉气中氧含量高超标。

③ 公辅系统供应状态异常时报警，严重时自动切断净化烟道蝶阀。异常状态包括：氮气压力低超标。

④ 冷却风机变频与冷却器出口烟气温度联锁、控制。

⑤ 高温净气风机变频与电石炉炉压联锁、控制。

⑥ 过滤器进、出口压差与反吹程序启动联锁、控制。

⑦ 卸灰系统启动顺序联锁，斗提机—2 号刮板输灰机—1 号刮板输灰机—星形卸灰机。停车顺序联锁相反。

（2）报警点

① 氮气压力低报警。

② 压缩空气压力低报警。

③ 炉气温度高报警。

④ 炉气温度低报警。

⑤ 炉气氢含量高报警。

⑥ 炉气氧含量高报警。

⑦ 过滤器进口温度高报警。

⑧ 过滤器进口温度低报警。

（3）HIM 画面自动、手动控制方式试验放散烟囱蝶阀与净化烟道蝶阀动作，要求动作顺序正常，动作位置正常。两只蝶阀原始位置正常，且实际位置与 HIM 画面指示位置一致。

（4）试验冷却器出口烟气温度变化与冷却风机变频器联锁动作，要求控制动作准确、灵敏。

（5）试验电石炉炉压变化与高温净气风机变频器联锁动作，要求控制动作准确、灵敏。

（6）试验过滤器进出口压差值变化至设定值，过滤器反吹程序的自动启停，要求启停准确。

（7）HIM 画面自动模式设置卸灰系统启动间隔时间，观察卸灰系统启动顺序和停止顺序，要求符合生产要求。

（8）开启高温风机，并将高温风机变频器调节到正常负荷状态下，测量过滤器、机力风冷器、旋风冷却器阻力。

（9）试验灰库卸灰阀控制动作，要求符合设计要求。运灰车辆进出便利。

8. 联动试车安全注意事项

（1）试车前土建施工单位必须将现场杂物清理干净，保持通道畅通。

（2）试车人员必须按规范穿戴劳动保护用品。

（3）所有电气设备应有妥善接地保护装置。

（4）操作人员必须在得到试车指挥的开车命令后方可启动开车。

（5）风机试车前必须进行电气和热工联锁保护试验：

① 电气试验：

a. 电机绝缘测试；

b. 拉合闸试验；

c. 事故按钮试验。

② 热工联锁保护试验：

a. 风机轴温达上限时跳风机保护；

b. 电机轴温达上限时跳风机保护；

c. 电机线圈温度达上限时跳风机保护。

（6）启动风机前应先用手盘动风机，确认无异物卡阻现象，方可点动启动风机，并观察风机运转方向正确无误后，可启动风机运行。

（7）皮带通廊照明必须完好。

（8）高空试车时，不得向下抛掷工具材料等物品。

（9）启动皮带机前必须检查皮带机处无杂物，各部件无异物卡阻。

（10）试车时皮带机头尾部及中间开关处必须专人监护。

（11）观察小车行走时距离轨道不得过近。如遇小车运行时有卡阻现象，必须立即停止牵引机运行，不得硬拉，人员应距离钢丝绳稍远，避免钢丝绳突然断裂造成伤害。